高等职业教育
园林园艺类系列教材

盆景制作与赏析

- 主　编　王丽珍　章　璐
- 副主编　戈　英　张　莹
- 参　编　李雅琦　黄慧中　韩鹏程　刘木清　屈　曼
- 主　审　章承林

华中科技大学出版社
http://press.hust.edu.cn
中国·武汉

内 容 简 介

本书共分为三篇，通过"流派·造型"，让学生掌握不同流派盆景的制作技艺、盆景构图原理及表现手法，理解盆景及其发展概况；通过"设计·制作"，基于工作任务，运用构图知识、蟠扎、修剪技能，进行盆景的创作；通过"欣赏·评述"，让学生学会解读盆景作品，将所掌握的知识、技能和思维方式，与自然、社会、科技、人文相结合，进行综合探索与学习迁移，提升核心素养。

本书适合作为职业院校林业、园艺、园林专业盆景制作与赏析课程教材，也适合作为盆景爱好者的入门读物。

图书在版编目(CIP)数据

盆景制作与赏析/王丽珍，章璐主编. —武汉：华中科技大学出版社，2022.12(2025.1 重印)
ISBN 978-7-5680-8943-2

Ⅰ.①盆… Ⅱ.①王… ②章… Ⅲ.①盆景-观赏园艺 Ⅳ.①S668.1

中国版本图书馆 CIP 数据核字(2022)第 229828 号

盆景制作与赏析 王丽珍 章 璐 主编
Penjing Zhizuo yu Shangxi

策划编辑：袁　冲	
责任编辑：段亚萍	
封面设计：优　优	
责任监印：朱　玢	
出版发行：华中科技大学出版社(中国·武汉)	电话：(027)81321913
武汉市东湖新技术开发区华工科技园	邮编：430223
录　　排：武汉创易图文工作室	
印　　刷：武汉科源印刷设计有限公司	
开　　本：787 mm×1092 mm　1/16	
印　　张：13.25	
字　　数：339 千字	
版　　次：2025 年 1 月第 1 版第 2 次印刷	
定　　价：69.00 元	

本书若有印装质量问题，请向出版社营销中心调换
全国免费服务热线：400-6679-118　竭诚为您服务
版权所有　侵权必究

前　　言

　　本教材面向盆景制作企业生产和管理一线,按照盆景制作与养护相关职业岗位的任职要求,以强化技能训练和素质教育这一理念编写。通过"流派·造型",让学生掌握不同风格、流派盆景的制作技艺,盆景构图原理及表现手法,理解盆景及其发展概况;通过"设计·制作",基于工作任务,运用构图知识,蟠扎、修剪技能,进行盆景的创作;通过"欣赏·评述",让学生学会解读盆景作品,将所掌握的知识、技能和思维方式,与自然、社会、科技、人文相结合,进行综合探索与学习迁移,提升核心素养。

　　本教材本着"理实一体化,突出技能操作"原则,采用项目化编写,注重突出岗位要求的核心知识与技能,边讲边练,工学结合,校企合作,同时照顾学生的可持续发展。

　　本教材的特点有:

　　一、将职业素养教育融入课程

　　良好的职业素养是学生最核心的就业竞争力,本教材将盆景制作操作与文化修养协调统一,本着"以生为本"的教学理念,运用"寓教于学、寓教于练、寓教于乐",结合盆景制作的美学原理和操作技艺,通过课中实操、模拟真实情境,培养学生专业职业素养。同时通过培养学生获取信息、分析和解决问题、团结协作等综合能力,注重学生通用职业素养的养成,为学生毕业后在盆景制作与养护岗位工作,以及在实际工作中可持续发展打下基础。

　　二、增加电子素材

　　采用新型活页式教材,与原有的在线课程相结合。以纸质教材为核心,以互联网为载体,以信息技术为手段,将数字资源与纸质教材充分交融。通过二维码扫描呈现相对应的案例、动画、微课,让学生充分利用信息化手段,拓展学习外延网络,加强纸质教材和数字化资源的一体化建设。

　　本书由湖北生态工程职业技术学院王丽珍、章璐任主编,全书编写分工如下:王丽珍编写项目一、项目五,章璐编写项目二任务一、任务二,李雅琦编写项目二任务三、任务四、任务五、任务六,弋英编写项目三,张莹编写项目四,黄慧中编写项目六。同时感谢宜昌花园里农业有限公司韩鹏程、大冶市楚林实验林场刘木清、湖北省太子山林场管理局石龙林场屈曼提供了相关链接和图片。

　　由于编者水平有限,书中疏漏和欠妥之处在所难免,敬请读者提出宝贵意见,以便修订时改进提高。

目　　录

第一篇　流派·造型 ……………………………………………………………… (1)

项目一　盆景创作基础 ……………………………………………………… (2)

　　任务一　认识盆景 …………………………………………………… (2)
　　任务二　盆景的流派 ………………………………………………… (9)
　　任务三　盆景的构图 ………………………………………………… (17)

第二篇　设计·制作 ……………………………………………………………… (24)

项目二　盆景的工具与材料 ………………………………………………… (25)

　　任务一　认识盆景工具 ……………………………………………… (25)
　　任务二　盆景的植物素材 …………………………………………… (32)
　　任务三　盆景的山石素材 …………………………………………… (53)
　　任务四　盆钵的选择 ………………………………………………… (65)
　　任务五　几架的选择 ………………………………………………… (71)
　　任务六　配件的选取 ………………………………………………… (76)

项目三　树木盆景的制作 …………………………………………………… (80)

　　任务一　树桩的来源 ………………………………………………… (80)
　　任务二　树木盆景的设计 …………………………………………… (87)
　　任务三　蟠扎技艺 …………………………………………………… (94)
　　任务四　修剪技艺 …………………………………………………… (99)
　　任务五　上盆技艺 …………………………………………………… (104)
　　任务六　树木盆景养护与管理 ……………………………………… (111)
　　任务七　单株树木盆景制作实例 …………………………………… (118)
　　任务八　丛林树木盆景制作 ………………………………………… (122)

项目四　山水盆景的制作 …………………………………………………… (131)

　　任务一　认识山水盆景各式 ………………………………………… (131)
　　任务二　山水盆景的制作 …………………………………………… (140)
　　任务三　山水盆景的养护 …………………………………………… (161)

项目五　树石盆景的制作 …………………………………………………… (165)

　　任务一　树石盆景的分类 …………………………………………… (165)

任务二　树石盆景的制作 …………………………………………………（172）
　　任务三　树石盆景的养护 …………………………………………………（178）

第三篇　欣赏·评述 ………………………………………………………（186）

项目六　盆景的鉴赏 ……………………………………………………（187）
　　任务一　盆景的命名 ………………………………………………………（187）
　　任务二　盆景作品赏析 ……………………………………………………（195）

参考文献 ……………………………………………………………………（204）

第一篇
流派·造型

项目一　盆景创作基础

任务一　认识盆景

	任务要求
任务内容	盆景艺术,起源于我国,是中华优秀传统文化的重要组成部分,本任务主要介绍盆景的概念和盆景的价值,通过对中国盆景的发展简史的了解,认识盆景,让学生深度认同中华优秀传统文化,增强学生的文化自信。
知识目标	掌握盆景的概念; 了解盆景的艺术特征; 了解盆景的发展历史。
能力目标	能准确地区分树木盆景与盆栽; 能准确地区分山水盆景与赏石。
素质目标	培养文化自信,提高盆景审美; 培养正确的价值观。

1. 盆景的概念

盆景是中华民族优秀传统艺术之一,是在我国盆栽、石玩基础上发展起来的,以树、石为基本材料,在盆内表现自然景观并借以表达作者思想感情的艺术品。

盆景名称

2. 盆景与盆栽

树木盆景是在盆栽的基础上发展起来的,但盆景与盆栽不同。首先,盆景是艺术,盆栽侧重于栽培技术。盆栽主要是通过园艺栽培的手法将花草栽于盆钵中,以栽培条件为主;而盆景则是创作者运用盆景创作技巧,经过巧妙的构思、合理的布局,再通过蟠扎、修剪、整形等技术加工和园艺栽培,将大自然中的树木、丛林景观展现于盆钵之中,除了栽培手法外,盆景更注重于艺术的创作。其次,盆景表现的是场景,盆栽观赏的是植物本身。盆栽主要是欣赏植物的叶、花、果,而盆景在盆中表现旷野巨木或葱茂的森林景象者,内涵远大于盆栽,是浩瀚大千世界在咫尺盆钵中的浓缩(见图1-1和图1-2)。

项目一　盆景创作基础

图1-1　盆景

图1-2　盆栽

3. 盆景与石玩

盆景与石玩有联系又有区别,两者境界是相通的,都是追求微缩景观之美的自然表现。或置于案头,或藏于园内,包蕴造化之美,尽享山林之趣。但两者又有区别,就艺术表现力而言,赏石重在石中求景,一人一物,一山一石,皆可独立成景。而盆景,特别是山水盆景,则是通过山石组合、草木装饰、配件点缀等多元素的排列组合,来营造一种"虽由人作,宛自天开"的真山水的气韵。二是赏石求天然,对石种的要求高,进一步要求皮润色佳,便于独立欣赏。而盆景则强调可加工性,注重造型和肌理的表达,需切割、雕琢、拼接。三是石玩侧重欣赏,通过石中找画意;盆景侧重创作,通过创作写画意(见图1-3和图1-4)。

图1-3　盆景

图1-4　石玩

4. 盆景的发展

4.1　盆景艺术的起源

4.1.1　新石器时代的草本盆栽

新石器时期出现的草本盆栽,是世界上迄今为止发现的最早的盆栽,是盆景的起源形式。其依据是1977年在我国浙江余姚河姆渡遗址发现的距今约7000年的新石器时期的陶器残块上刻有盆栽万年青图案(见图1-5)。它具备了植物和盆钵这样两个盆栽的基本要素，形式简单，构图上已经开始考虑到了统一、均衡、比例、尺度等形式美，是朴素的审美意识的反映。

4.1.2 汉代的木本盆栽与缶景

东汉时期(公元25—220年)，河北望都东汉墓壁画中绘有一陶质卷沿圆盆，盆内栽有六枝红花，置于方形几架之上，形成植物、盆钵、几架三位一体的盆栽形象(见图1-6)。

图1-5 盆栽万年青

汉代完成了草本盆栽向木本盆栽的转化，又出现了缶景(见图1-7)。据野史所载："东汉费长房能集各地山川、鸟兽、人物、亭台楼阁、帆船舟车、树木河流于一缶，世人誉为缩地之方。"这就是所谓的缶景。缶景已不再是原始的盆栽形式，已经成为盆栽基础上脱胎而出的艺术盆栽，是迄今为止我国艺术盆栽的最早的记载。此时的盆栽内容丰富多彩，既有树木，又有亭台楼阁、人物鸟兽，反映了自然美与生活美。盆景也不只是为生产而生产，而变成了一种以欣赏为主要目的的特殊艺术形式。同时在技法上应用了"缩龙成寸""咫尺山林"的艺术手法，已经开始把画意注入盆景中去了。

图1-6 东汉墓壁画

图1-7 十二峰缶景山形陶砚

魏晋时期(公元220—420年)，盆栽木本花卉的技术成熟，盆栽草本花卉已讲究构图与艺术造型，已具备了制作盆景的条件。

南北朝时期(公元420—589年)，有山水盆景中假山石的艺术加工记载。1986年考古人员在山东发现北齐古墓，墓四壁有彩色壁画，其中16幅画面上都有奇峰怪石。其中有一幅壁画是描绘主人欣赏盆景的场面，在一个浅盆内，伫立着玲珑秀雅的山石，主人正在品赏盆景，神态如痴如醉，栩栩如生。这一史料的发现，把中国山水盆景艺术的形成时间最少向前推了一个半世纪，这是中华民族的骄傲，它雄辩地证明山水盆景艺术起源于中国，赏石文化的源头在中国。

4.2 盆景艺术的形成

4.2.1 唐代的盆栽与盆池

唐代(公元618—907年)盆景艺术逐步形成并有了一定的进展。1971年,陕西乾陵发掘的唐章怀太子李贤之墓(建于公元706年)甬道东壁上生动地绘有一个双手托着盆景的侍女,侍女双手托一盆景,中有假山和小树(见图1-8)。按照现在的盆景分类,该画面中的盆景应属于树石盆景或水旱盆景类型,这是迄今发现的最早的关于盆景的图画。另唐代阎立本的《职贡图》中有以山水盆景为贡品进贡的形象。左边一人双手捧一体量较小的三峰式山水盆景,右边一人用肩扛着一体量较大的三峰式山水盆景,盆内山石玲珑剔透、奇形怪状(见图1-9),其造型非常符合"瘦、漏、透、皱"的赏石标准,如果再种植上植物,就是一盆真正的山水盆景了。

图1-8 唐朝章怀太子墓壁画

图1-9 唐朝《职贡图》

唐代在文化艺术方面,如诗歌、绘画、雕塑、旅游等,都取得了辉煌的成就。当然,盆景艺术也得到了突飞猛进的发展,主要表现在形式多样、题材丰富、景中寓情、情景交融、诗情画意等方面,而且用途广泛,美学理论也日渐成熟,盆景艺术开始向诗情画意的方向飞跃,描写盆景的诗歌也很多。

盆景诗词

唐代的树木盆景制作技艺已十分成熟,名称有"盆栽""花栽""五粒小松",盆景所用植物大致有松、竹、莲、苔、山茶、兰等,容器一般以圆形莲瓣形缸即浅泥瓦盆为主。山水盆景也基本成熟,已初步形成三峰式艺术风格,达到了"程式化"的成熟程度。唐代盆池、小池、小滩、小潭实为一种大型盆景,形状多样,内容各异,丰富多彩,这是唐代盆景的一大特色,常用石料有青石、白石、太湖石、罗浮石等。唐代是我国盆景发展的一个成熟和昌盛的阶段,人们对盆景的鉴赏能力已达到一定程度,当时盆景既是艺术品,又是商品,既有观赏价值,又有经济价值。同时唐代盆景开始随着佛教和其他文化传入日本。

4.2.2 宋代盆玩、盆山

宋代(公元960—1279年)绘画艺术空前发展,绘画理论应用于盆景创作中,不论宫廷还是民间,以奇树怪石为观玩品已蔚然成风。今台北故宫博物院内收藏的宋人绘画《十八学士图》四轴中,有两轴绘有苍劲古松、老干虬枝、悬根出土的盆桩。这是宋代盆景的又一物证,从中可以看出制作技艺之高超(见图1-10和图1-11)。

图 1-10 《十八学士图》1

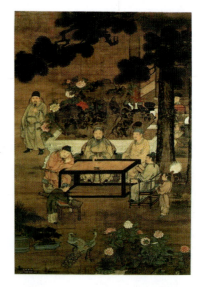
图 1-11 《十八学士图》2

盆景艺术有了进一步发展,树木盆景与山水盆景的区别更加明确了,并对附石盆景有了文字记载。宋代有了对盆景的题名之举,赏石标准更为明确,对石品研究取得了新的突破,如杜绾的《云林石谱》中记载的石品有 116 种之多,对石头的评价有"透""漏""瘦""皱""丑"之说。由于日本的"宋风化",盆景再度传入日本。

4.2.3 元代些子景

元代(公元 1279—1368 年)制作盆景提倡"小型"。诗人丁鹤年为些子景作过诗《为平江韫上人赋些子景》,诗曰:"咫尺盆池曲槛前,老禅清兴拟林泉。气吞渤澥波盈掬,势压崆峒石一拳。仿佛烟霞生隙地,分明日月在壶天。旁人莫讶胸襟隘,毫发从来立大千。"这首诗描述了韫上人些子景的体量、陈设、气势、形态、意境、内容、用盆等,描写得活灵活现、有声有色、淋漓尽致。由此可见,元代些子景与今人中型盆景差不多,与微型盆景尚有差别。元代盆景实现了体量小型化的飞跃,这对盆景的大力普及和推广起到了促进作用。

唐宋元时期,盆景作为一门较为完整的艺术已经形成,此时盆景出现了许多叫法:"盆栽""盆池""假山""些子景"等。盆景形式多样,有山水、植物、石玩等,还出现了附石式盆景。意境布局讲究画意,师法自然,采用了"小中见大"的艺术手法。制作技艺也有了很大的提高,植物盆景有了人工剪扎等造型技巧,山水盆景采用了选石、洗刷、雕凿和截割等加工工艺,并能在山石上养苔。

4.3 盆景艺术的发展

4.3.1 明代盆景

明代(公元 1368—1644 年)盆景之风盛行。受元高僧韫上人影响,明屠隆著《考槃馀事》,正式出现了盆景的叫法。其中《盆玩笺》中写道:"盆景以几案可置者为佳,其次则列之庭榭中物也。"同时很注重画意,提出以古代诸画家马远、郭熙、刘松年、盛子昭笔下古树作比的盆景为上品。

"更有一枝两三梗者,或栽三五窠,结为山林排匝,高下参差,更以透漏窈窕奇古石笋,安插得体,置诸庭中。对独本者,若坐岗陵之巅。与孤松盘桓。对双本者,似入松林深处,令人六月忘暑。"对单干式、双干式、多干式和合栽式盆景做了描述。

屠隆在《考槃馀事·盆玩笺》中还首次介绍蟠扎技艺："至于蟠结,柯干苍老,束缚尽解,不露做手,多有态若天生。"指出民间通过人为剪扎制作,树木盆景可"多有态若天生。"此外,黄省曾的《吴风录》、王鸣韶的《嘉定三艺人传》、陆廷灿的《南村随笔》、文震亨的《长物志》、屈大均的《广东新语》、吴初泰的《盆景》及林有麟的《素园石谱》等,都对盆景制作、品评等进行了详细的记述。

4.3.2 清代盆景

清代关于盆景的论述更多。陈扶摇著《花镜》,其中有《种盆取景法》一节,专门述及盆景用树的特点和经验,也谈到了点苔法:"凡盆花拳石上,最宜苔鲜,若一时不可得,以菱泥、马粪和匀,涂润湿处及桠枝间,不久即生,俨如古木华林。"

李斗所著的《扬州画舫录》,书中提到乾隆年间,扬州已有花树点景和山水点景的创作,并有制成瀑布的盆景。由于广筑园林和大兴盆景,那时扬州正如书中所说:"家家有花栽,户户养盆景。"也曾提到苏州有一个名离幻的和尚专长制作盆景,往往一盆价值百金之多。嘉庆年间五溪苏灵著《盆景偶录》二卷,书中以叙述树桩盆景为多,把盆景植物分成四大家、七贤、十八学士和花草四雅。

盆景植物

明清是我国盆景发展的又一个重要时期,在这一时期内,盆景技艺亦趋成熟,盆景专著纷纷问世,对盆景树种、石品、制作、摆置、品评等在理论上做了较系统的论述。可以说在明清时期我国盆景在理论上得到了飞跃和升华。盆景种类繁多,植物盆景出现了观叶、观花、观果等不同种类,山水盆景除了有旱盆景、水盆景及水旱盆景之外,还出现了瀑布盆景。

4.4 盆景艺术的兴盛

20世纪80年代,盆景艺术终于又一次加快了发展速度。1981年中国花卉盆景协会诞生,1984年中国花卉协会成立,1988年中国盆景艺术家协会在北京成立,对中国盆景艺术的快速发展起了很大的推动作用。各地相继建立盆景园,专门用于盆景的培育制作、创作研究,以及向国内外游客展示,对盆景的发展起了促进作用。盆景报刊和有关书籍大量问世,盆景出口外销量逐年增加。

5. 盆景的价值

(1)艺术价值。盆景是艺术,它将园林艺术、文学艺术、绘画艺术、雕塑艺术、陶瓷艺术等融合在一起,让人们"不移寸步"就能"遍游天下",具有很高的观赏价值。欣赏盆景是一种美的享受,可以丰富人们的精神生活。在室内陈设盆景,使人顿觉生趣盎然;斗室之中,能领略到旷野林木的景色、自然山水的风貌,令人心旷神怡而豪情满怀。

(2)经济价值。盆景还具有较高的经济价值,近年来,国内许多地区都建立了盆景生产基地,生产各类盆景,使盆景生产的数量越来越多,质量也越来越高,不仅在国内市场大量销售,满足盆景爱好者的需求,而且还畅销到东南亚、日本、澳大利亚、西欧及英美各国。

(3)生态价值。盆景中的植物可以改善环境,净化空气,防风降尘,减轻噪声,吸收并转化环境中的有害物质,净化空气和水体,维护生态环境。

(4)社会价值。欣赏盆景能陶冶情操,提高人们的艺术修养,培养人们热爱大自然、热爱生活、热爱祖国锦绣河山的情感,同时也以其独特的艺术魅力向世界展示了中华民族的悠久历史和深厚的文化底蕴。

序号	实 施 内 容
1	判断下列图片中属于树木盆景的是（　　）。 A　　　　　　　　　　　B C　　　　　　　　　　　D
2	判断下列图片中属于山水盆景的是（　　）。 A　　　　　　　　　　　B C　　　　　　　　　　　D
3	总结盆景发展的三个飞跃期。
4	收集两首描写盆景的诗词，并分享。

项目一　盆景创作基础

任务评价单

任务分组			
班级		组号	
组长		学号	
组员	姓名	学号	任务分工

评价环节		评价内容	评价方式	分值	得分
课前	课前学习	线上学习	教学平台(100%)	10	
	课前任务	实践学习	教师评价(100%)	5	
课中	课堂表现	课堂投入情况	教师评价(100%)	10	
	课堂任务	任务完成情况	教师评价(40%)	20	
			组间评价(40%)	20	
			组内互评(20%)	10	
	团队合作	配合度、凝聚力	自评(50%)	5	
			互评(50%)	5	
课后	项目实训	整体完成情况	教师评价(100%)	15	
		合计		100	

任务二　盆景的流派

任务清单

	任务要求
任务内容	由于不同地方的地理环境、自然资源、文化传统、风俗民情、审美习惯等方面存在明显差异,盆景艺术在不同地方具有不同的风貌和不同的艺术特色,这样就形成了不同的流派。通过学习盆景的流派和地方风格,掌握各流派常用材料及布局造型特点,掌握各流派盆景的制作要领。

· 9 ·

续表

任务要求	
知识目标	了解不同流派的艺术风格； 掌握不同流派的技法特点； 掌握不同流派的造型特点； 了解不同流派的常用树种。
能力目标	能准确识别不同流派的盆景。
素质目标	从传统中寻找创新，激发学习与创新能力； 学习不同风格盆景，增强审美与鉴赏能力。

1. 盆景的风格

我国幅员辽阔、地大物博、文化历史悠久，为盆景艺术的产生和发展提供了许多的地域性条件。盆景在漫长的历史沿革中，受到不同地方的自然条件、传统文化、风土人情、植物山石等差异的影响，出现了多样的造型形式和加工工艺等，形成了树木盆景和山水盆景两大类型。而不同的盆景创作者，由于生活阅历、审美意趣、思想方法、艺术修养和加工技艺的不同，他们创作的盆景题材和手法也就因人而异、各有特色，令他们在作品中表现出富有新意和修养的个性艺术特色风格，导致盆景艺术在不同地方具有不同的风貌和不同的艺术特色。盆景的风格是指盆景艺术家在创作中所表现出来的艺术特色和创作个性，这些艺术特色和创作个性主要体现在盆景的材料、盆景制作的技法和盆景的造型这三个要素上。

1.1 盆景的个人风格

盆景的个人风格是指某个盆景艺术家在其作品的内容和形式上的各种要素中所表现出来的艺术特色和创作个性。盆景的个人风格受创作者的个性特点、生活阅历、审美观念、兴趣爱好等影响，如陆学明的大飘枝盆景、赵庆泉的水旱盆景、潘仲连的高干合栽式、贺淦荪的风动式……体现在盆景作品上就是特色鲜明、风格各异，或舒展流畅，或如诗如画，或遒劲潇洒，或动感传真（见图1-12至图1-15）。

图1-12 陆学明《酡颜弄舞腰》

图1-13 赵庆泉《听涛》

图1-14　潘仲连《刘松年笔意》　　图1-15　贺淦荪《萧瑟秋风今又是》

1.2　盆景的地方风格

盆景的地方风格是某一地域的盆景艺术家们在盆景作品的内容和形式上的各种要素中所表现出来的艺术特色和创作个性。地方风格是在个人风格的基础上发展起来的,地方风格比个人风格更具有地域性,表现在材料选取(树木、山石、盆钵、几架、配件)、造型技法、栽培管理等方面。如中州盆景、北京盆景、湖北盆景等都具有地方特色。

2. 盆景的流派

盆景的流派是在盆景的个人风格、地方风格基础上发展起来的,三者的关系是:盆景的个人风格是形成地方风格的基础,地方风格又是盆景流派的基础。流派的形成是某区域盆景艺术成熟的重要标志。中国幅员辽阔,由于地域环境和自然条件的差异,盆景流派较多,本书主要介绍树木盆景的八大流派。

2.1　扬派盆景

扬派盆景分布区域为江苏扬州、泰州、泰兴、盐城,代表人物为万觐堂、王寿山等。扬派树桩盆景要求:"桩必古老,以久为贵;片必平整,以功为贵"。树种以观叶类的松、柏、榆、杨(瓜子黄杨)等为主要素材。扬派盆景技艺精湛,融"诗、书、画、技"为一体,精扎细剪,以扎为主,以剪为辅。对树桩自幼就加工整形,扎成云片,叶片平展,薄如浮云,顶圆、中间掌状,片中小枝"一寸三弯"。扬派盆景单是棕法就有11种之多(扬、底、撇、靠、挥、拌、平、套、吊、连、缝),要求距离相等,剪扎平正,片与片之间严禁重复或平行,云片大小因树桩大小而定,大者如缸口,小者如碗口,一至三层的称"台式",三层以上的称"巧云式"。云片放在弯的凸出部位,疏密有致,葱翠欲滴,与主干形成鲜明的对比,观之层次清楚,生动自然,具有层次分明、严整平稳、富有工笔细描装饰美的地方特色(见图1-16和图1-17)。

盆景入选"非遗"名录

2.2　苏派盆景

苏派盆景主要分布区域为江苏苏州、无锡、常州、常熟,代表人物有周瘦鹃、朱子安。常用树种有雀梅、榆、三角枫、石榴、梅等落叶树种。通过主干"粗扎"、枝杈"细剪"的技巧,以剪为主,以扎为辅的传统技法做成圆片造型,中间略为隆起,尽可能保持其自然形态,状若云朵。传统规则造型有"六台三托一顶",将树干蟠成6个弯,在每个弯的部位留一侧枝,左、右、背三个方向各3枝,扎成9个圆形枝片,左右对称的6片即"六台",背面的3片即"三托",然后在树顶扎成一个大枝片,即"一顶",参差有趣,层次分明,陈放时一般两盆对称,意为"十全十美"。苏派盆景追求老干虬枝、清秀古雅、势若蟠龙等艺术风格(见图1-18和图1-19)。

图1-16 《腾云》

树种:黄杨

树龄:280年

1989年荣获第二届中国盆景评比展金奖,1990年荣获日本大阪国际园艺博览会金奖

图1-17 《明末遗韵》

树种:圆柏

此作品为明末遗物,至今约400年

图1-18 周瘦鹃《饮马图》

树种:榆树

图1-19 朱子安《秦汉遗韵》

树种:圆柏

树龄:500年

配明代紫砂莲瓣盆、元代九狮石礅

2.3 岭南盆景

岭南盆景分布区域为广东、广西、福建一带。其创作手法独特,师法自然,突出枝干技巧,整形或构图布局来源于自然又高于自然,力求自然美与人工美的有机结合。岭南盆景以彰显画意的创作追求和截干蓄枝的独特技法,蜚声中外。代表人物有孔泰初、陆学明、莫珉府、素仁等。常用榕、榆、雀梅、九里香、福建茶等植物素材。其主要造型形式有雄秀的大树

型、清新的附石型、简疏的文人型等。岭南派传统技法是蓄枝截干,善用修剪又不露刀剪痕迹是岭南盆景的最大特点。在创作中热衷于取舍,精于修剪,使作品枝干瘦硬,苍劲古老。构图严谨,结构疏而不散,表现出节奏分明、抑扬顿挫之韵律。岭南派盆景的风格是雄伟苍劲、纯朴自然、飘逸挺拔(见图1-20)。

蓄枝截干

2.4 川派盆景

川派盆景分布区域主要为成都、重庆、灌县、温江等地,代表人物有李宗玉、冯灌父、陈思甫、潘传瑞等。川派盆景技艺的发展经历了造型风格上由简到繁、由繁到简的过程。根据"树枝近画"的造型原理,先有自然姿态类型的盆景,后经不断提炼,确定造型规律和技法,再通过川派历代盆景艺术家的不断总结与完善,最后归纳为"三式五型"(平枝式,包括规则型(对称型)、花枝型、非对称型;滚枝式,包括大滚枝型、小滚枝型;半平半滚式),以及"十大身法"(掉拐法、对拐法、接弯掉拐法、滚龙抱柱法、三弯九倒拐法、方拐法、老妇梳妆法、直身加冕法、大弯垂枝法、巧借法)。从制作技艺的风格来看,川派盆景技艺可分为规律类树桩盆景蟠扎技艺、自然类树桩造型、山石盆景造型技艺、树石组合类盆景制作技艺四种类型。川派盆景不论自然式或规则类,均追求虬曲苍古、悬根露爪、状若大树、节奏明快的艺术境界(见图1-21和图1-22)。常用树种有金弹子、六月雪、贴梗海棠、罗汉松、石榴、老鸦柿、胡颓子等。

图1-20 孔泰初《悬》
树种:雀梅

图1-21 陈思甫《方圆随和》
树种:六月雪
此为方拐式作品

图1-22 陈思甫《亭亭玉立》
树种:六月雪
此为三干直身逗顶式作品

2.5 海派盆景

海派盆景造型的特点是形式自由,不拘格律,无任何程式,讲究自然入画,精巧雄健,明快流畅(见图1-23和图1-24)。常以自然界千姿百态的古木为摹本,参考中国山水画的画树技法,因势利导,进行艺术加工,赋予作品更多的自然之态。代表人物有殷子敏、邵海忠、汪彝鼎、胡荣庆等,盆景所用的树种以五针松、真柏、黑松、罗汉松等常绿松柏为主,是我国首先使用金属丝加工盆景的流派之一。采用金属丝缠绕干、枝后,进行弯曲造型,造型形式多种多样,主要有直干式、斜干式、曲干式、临水式、悬崖式、枯干式、连根式、附石式,还有多干式、双干式、合栽式、丛林式,观花与观果盆景。微型盆景是海派盆景的又一特色,其特点是形简意赅,玲珑精巧,生机勃勃,犹如旷野千年古木。

图 1-23　殷子敏《古涧悬松》　　图 1-24　邵海忠《高风亮节》

2.6　浙派盆景

浙派盆景分布区域为杭州、温州等地。以潘仲连、胡乐国等为代表人物。以松、柏为主要树种,代表树种为五针松,还有黑松、真柏、桧柏、罗汉松,其他杂木类和观花、观果、观叶类共 100 余种。典型造型有高干合栽型、高干垂枝型。擅长直干或三五株栽于一盆,以表现莽莽丛林的特殊艺术效果。采用金属丝攀扎与细致修剪相结合。崇尚自然、师法自然,追求诗情画意;高昂挺拔,遒劲而潇洒,因材取势,层次清晰(见图 1-25 和图 1-26)。

图 1-25　潘仲连《自然之子》　　图 1-26　胡乐国《傲骨凌云》

2.7　通派盆景

通派盆景以南通、如皋为中心,一度被视为扬派盆景之东脉,以并列于扬州、泰州之西脉。通派盆景的显著特色是南通盆景的"二弯半"格局和如皋盆景的"云头雨脚美人腰"造型,制作上以棕丝蟠扎为主,成景端庄稳重。常用树种有小叶罗汉松、黄杨、六月雪、圆柏等。代表人物有朱宝祥等。艺术风格端庄雄伟,清奇古朴(见图 1-27)。

2.8　徽派盆景

徽派盆景是以安徽省的徽州命名的盆景艺术流派,以古徽州府治歙县的卖花渔村洪氏家族为代表,以古傲苍劲、奇峭多姿为主要特色,尤以梅桩最为著名,称为"徽梅",具有鲜明的地域个性。常用树种有梅花、黄山松、紫薇、桧柏、六月雪等。以单干式为主,基本上属规则式,有

游龙式、扭旋式、疙瘩式、屏风式等(见图1-28和图1-29)。传统技法为粗扎粗剪,剪扎并用。

图1-27　朱宝祥《源远流长》　　图1-28　徽梅 游龙式　　图1-29　徽梅 疙瘩式
树种:雀舌罗汉松

3.盆景的民族风格

盆景的民族风格指的是一个民族或一个国家的盆景创作风格,是个人风格、地方风格、艺术流派特点的总和。从盆景的发展过程来看,盆景源于中国,和中国传统盆栽园艺、诗词歌赋、中国画、书法、陶瓷、插花、雕塑、石玩、园林等艺术有着密切的关系。造型上,扬派的云片、川派的弯拐、徽派的游龙等丰富多彩,独具特色;用料上,树种、石材、盆钵、几架、配件都具有十足的中国味、中国人的气质;立意上讲究诗情画意,追求一景二盆三几架的协调统一。中国盆景的民族风格,就是中华民族盆景创作的总的艺术特色和创作个性。这种风格主要表现在世界盆景交流和贸易中,它在外国人看来是中国盆景所体现的特点和个性。

任务实施

序号	实 施 内 容
1	完成盆景流派的思维导图,在图中空白位置写出流派及主要技法。 盆景流派 → 以蟠扎为主 → 棕丝蟠扎 → □□ 　　　　　　　　　　　　　　　　　　→ □□ 　　　　　　　　　　　　　　　　　　→ □□ 　　　　　　　　　　　　　　　　　　→ □□ 　　　　　　　　→ 金属丝蟠扎 → □□ 　　　　　　→ 以修剪为主 → □ → □□

续表

序号	实 施 内 容
2	查阅资料,讨论你所在地区的盆景特点。

任务评价单

任 务 分 组			
班级		组号	
组长		学号	
组员	姓名	学号	任务分工

评价环节	评价内容	评价方式	分值	得分
课前	课前学习	线上学习	教学平台(100%)	10	
	课前任务	实践学习	教师评价(100%)	5	
课中	课堂表现	课堂投入情况	教师评价(100%)	10	
	课堂任务	任务完成情况	教师评价(40%)	20	
			组间评价(40%)	20	
			组内互评(20%)	10	
	团队合作	配合度、凝聚力	自评(50%)	5	
			互评(50%)	5	
课后	项目实训	整体完成情况	教师评价(100%)	15	
合计				100	

任务三　盆景的构图

任务清单

任务要求	
任务内容	盆景是活的艺术品,是大自然中各种树木景观在盆钵中的缩影。对盆景艺术的欣赏,需要具有一定的文化艺术修养和对自然观的生活阅历。欣赏盆景实际上就是对盆景的审美,盆景的表现形式一定要符合"美"的原则和"美"的规律。通过学习盆景美与构图,理解盆景构图美的基本原则和规律。
知识目标	掌握盆景意境美的原则; 了解构图的原理及表现手法。
能力目标	能够合理运用盆景构图的原理; 能准确利用盆景美的原理进行盆景创作。
素质目标	培养文化自信,提高盆景审美; 培养正确的价值观。

知识准备

盆景作为艺术品,被人们称为"立体的画""无声的诗""活的雕塑品",由此可见,盆景是一门综合性的艺术,在进行创作与欣赏时,要融诗情、画意、雕塑、根艺等艺术创作手法于一体。

1. 盆景创作与构图

盆景创作是盆景艺术家形成盆景艺术形象的活动过程,创作的结果是艺术形象变为具体的优秀作品,盆景艺术的创作包含了盆景艺术家的主观激情、形象思维力、创造力和概括力。盆景创作离不开构图,构图为创作服务,是创作活动的一部分,是作品创作是否成功的重要因素之一。

盆景构图是指将各种素材组合、加工和布置于盆域内,并配以协调的几架,以获得最佳的景观艺术效果,也就是把各种景物素材融合起来的方法。盆景艺术构图的目的在于更好地表现盆景主题思想,并取得具体完美的作品形象。盆景艺术家的创作活动就是通过构思、立意和构图等富有创造表现力的形式,创作出优秀的艺术作品。

2. 盆景的构图原理

2.1 变化与统一

变化是指将两个以上不同的事物放置在一起,所体现的差别和对比。变化体现事物的个性、差别,给人以生动、活泼的感受。

而统一则体现事物的共性和整体的联系,强调事物的共同性和一致性,产生事物的整体感和安定感。盆景的统一体现在盆景用材的统一、线条的统一、形式的统一、技法的统一等方面,给人以一致、统一的感受。

变化与统一是矛盾对立的关系。要在变化中寻求统一,在统一中创造变化。以赵庆泉《八骏图》(见图1-30)为例,树种为六月雪,石头是龟纹石,八匹马小件都是广东石湾产的陶瓷,在造型、立意、技法、风格上都取得了统一。但在构成的画面中,树木的粗细、曲直和疏密的变化,石料大小、位置变化,八匹马或站、或行、或卧的姿态变化,使画面富于变化。再如贺淦荪《秋思》(见图1-31),以榆、三角枫、水蜡、朴和黄荆交织错落搭配栽植在一起,表现秋林夕照之美,虽然材料变化多样,但造型上达到统一。

图1-30　赵庆泉《八骏图》
材料:六月雪、龟纹石

2.2　均衡与动势

均衡就是平衡和稳定,无论什么样的构图形式,都必须保持平衡和稳定,只有这样,作品整体形象才能给人一种安定感。均衡有两种表现形式,即对称式均衡和不对称式均衡。对称均衡是指处在对称轴线两边的力量、形态、距离等,都完全相等或相同,这是最简单最稳定的均衡,给人以稳定、庄重、平静之感。然而它在盆景造型中运用较少,即使运用,也多属于近似对称。如盆景中的直干式(大树型)造型,它的树干不论是垂直向上,或弯曲向上,其重心基本上落在树干的中心。虽然左右枝条的内部结构有些不同,但左右两边的外形是相似的。近似对称的盆景肯定是均衡的(见图1-32)。

不对称均衡是指处在中心轴线两边的量、力、形、距等要素在形式上不相同、不相等,但在心理上和视觉上的感受"相等相同",造型生动活泼,富有动感。动势就是一种运动状态,一种

图1-31　贺淦荪《秋思》
材料:榆、三角枫、水蜡、朴、黄荆

动态感受。在树木盆景创作中可以通过树姿树势,山水盆景创作中可以通过山石走向等取得动势。韩学年大师的山松盆景《松之魂》(见图1-33),整体树势给人以视觉上的稳定,这种平衡区别于对称,在不对称中求均衡,在均衡中求得动势。

图1-32　五针松盆景　日本盆景

图1-33　韩学年《松之魂》

2.3　对比与协调

盆景创作常会用到对比的手法,如树木的高低、粗细、疏密,山石的大小、轻重,地形的起伏、开合,但对比与协调是相辅相成的,只有对比而没有协调的画面容易显得杂乱,光有协调而没有对比的画面又会显得单调。盆景在创作时要做到高低错落、粗细结合、疏密得当、善藏善露。如郑永泰雀梅盆景《宁静的港湾》(见图1-34),树石布局合理,地貌起伏,岸线透迤曲折,有虚有实、有露有藏,虚实相生而气脉连贯,整体构图自然和谐,富有美感。

图1-34　郑永泰《宁静的港湾》

树种:连根雀梅

2.4　比例与尺度

盆景具有高度的概括性,"缩龙成寸","咫尺山林",因此在造型中要正确处理比例关系。盆景的比例包含了盆中景物的比例关系、景与盆的比例以及景物与环境的比例。盆景中景的比例通常采用中国画论中"丈山、尺树、寸马、分人"的大致比例。在树木盆景选材时,尽量选择节短枝密、叶片细小的素材,作品枝叶比例更合适。山水盆景构图时,主山、客山、远山的平面布局、立面布局和配件的选择都要符合比例关系(见图 1-35)。

图 1-35　山水盆景

盆景的尺度也可以说是盆景与环境之间的比例关系,是指盆景与环境空间的度量关系,也就是人们习惯的某些特定标准。人们对景物所产生的"大"或"小"的感觉,就是尺度感。尺度类型不同,感觉效果也不一样。尺度常分三种类型,即自然尺度、夸张尺度和亲切尺度。盆景作品的不同规格体现出不同的尺度效果。大型和巨型盆景采用的是夸张尺度,具有雄伟、壮观的气势;中小型盆景采用的是自然尺度,具有自然性、舒适性;微型盆景则采用的是亲切尺度,具有亲切、趣味之感。

2.5　空间与透视

透视是指物体的空间关系,是远近不同的物体呈现出来的,"近大远小、近高远低、近浓远淡、近清远迷"就是透视现象,盆景在造型布局时要掌握透视原理。盆景要小中见大,达到"一峰则太华千寻,一勺则江湖万里"的效果,必须采用透视法则,尤其是山水盆景更是如此。山水盆景的制作方法是以"三远"法为准则,贯穿在整个山水盆景制作过程中,并指导山水盆景的制作。"高远"法是自下向上看的仰视法,这种透视法宜于表现高大雄伟、气势磅礴的景物,使观赏者油然而生"高山仰止"之情。"深远"法是站在山前或山上远眺,并要移动视点,绕

盆景与画论

过前面近山,才能看见山后无穷无尽的景色。这种方法宜于表现幽深的意境,使人有"江山无止境"的感受。"平远"法是在"平视"中所得的远近关系。"平远"所看到的对象,一般不甚高,"平远"法制作的山水盆景,它的透视效果较好,容易造就意境深远的作品,给观者视野开阔、心理平衡之感受。

3. 盆景的表现手法

3.1　源于自然,繁中求简

盆景创作,首先必须收集素材。郑板桥的《题画竹》中写道:"四十年来画竹枝,日间挥写夜间思。"学习自然是创作的前提。既是创作,就不是照相式的"缩影",不是大自然的照搬、照抄。在盆景创作中必须运用剪裁、取舍、渲染、夸张等手法,才能更集中更典型地再现大自然。"千里之山,不能尽奇;万里之水,岂能尽秀。"所以,取其精华,去其糟粕,应用浪漫主义与现实主义相结合的手法,才能使源于自然的盆景,高于自然,巧夺天工。如郑永泰作品《漓江印象》(英德石,盆长 120 cm,见图 1-36),其作品容量大,内容丰富多彩,突出主体,以少胜

多，以简胜繁，描绘出漓江锦绣风光。

图1-36　郑永泰《漓江印象》

3.2　意在笔先，突出主题

中国盆景的最大特点是创造意境。意境如何，是品评盆景作品优劣的重要标准。意境高雅新奇，则气韵生动，耐人寻味。"景无险夷"，刻板老套，就平淡无奇。

中国盆景，自唐、宋以来，十分注意意境创造。每一新作都富于新意，别开生面。这一优良传统，应很好地继承发扬。盆景的意境创造，不仅在动手之前要匠心独运，仔细推敲，酝酿主题，即所谓"意在笔先"，而且立意还要贯穿于盆景创作的始终，因材取意，即所谓的"笔到意生"。因为盆景材料不能像笔墨那样，可由画家随意挥洒，而必须照顾盆景材料的自然美态，所以，把意境创造贯穿于盆景创作的始终，才能使之达到完美境地。

选材是为突出主题的一个重要方面。比如树木盆景，在选择树种时，要求具有树蔸怪异，树根易蟠易露，树干耐蟠耐剪，枝细叶密，花果香艳，适应性强，耐瘠薄，耐移栽等特点。但是，不同主题，要求各异。例如用藤萝之类表现苍古雄奇，用松柏之属表现婀娜妩媚，就会事倍功半。同样，为山水盆景选材，也应把握石的质地、色彩、形态、纹理等特点，因材造型。若用峰棱挺秀的砂片石来作峭拔奇峰，用剔透嵌空的钟乳石作虎穴龙潭就恰到好处。相反，用太湖石表现巴山蜀水，用广东蜡黄石表现太湖风光，就会弄巧成拙。

3.3　巧于布局，小中见大

布局就是景物的安排，也就是构图，是处理盆景画面结构的一种艺术手法。盆景的画境与意境主要就是通过布局来创造的。巧于布局，才能使作品具有诗情画意。如要利用透视近大远小、近浓远淡、近清晰远模糊的原理，利用对比烘托手法，高低、大小、欹直、明暗、浓淡、疏密、动静等，都是因比较而存在的。盆景创作中多用参照物作对比，运用对比，是盆景取得小中见大艺术效果的重要手段。如可以以低山烘托高山之峭拔；以极小的桥亭、楼台、舟楫、人物等点缀物作比例尺度，烘托水域之辽阔浩瀚，群山之逶迤磅礴；以浅盆烘托景物之巍峨壮丽等。要善藏善露，"景愈藏则境界愈大，景愈露则境界愈小。"露中有藏也是创造盆景深远意境的一种重要手法，露中有藏的表现手法在山水盆景中应用得最多。"山欲高，尽出之则不高，烟霞锁其腰则高矣；水欲远，足出之则不远，掩映断其脉则远矣。"一般每座山峰都要处理得既有露又有藏，使人有群峰起伏之感；江河宜曲折迂回，时隐时现，使人有延绵不断之感。同样，树木的枝干要处理得有露有藏，才能显出繁茂。盆景虽小，只要手法巧妙，布局得体，就能收到"三寸之峰，当千仞之高；盆长咫尺，体百里之回"的艺术效果。

3.4 宾主分明,变化统一

所谓宾主,就是盆中各物以哪一部分为主体、为中心,以哪些为客体、为陪衬,力求主景突出,宾主分明。盆景布局中首先要突出主体,确定主体景物的形状和位置。在山水盆景中,应先确定主峰的形状、体量和位置,然后安排配石,最后再点缀植物、配件;在树木盆景中,先确定主体树木的造型和位置,再考虑其他配树、配石、配料。主体景物是盆景的重心所在,应该着力加工,这是成败的关键。

盆景布局,还要求有变化有统一。所谓变化,就是要求一盆景物的安排上,要自然多变,各有异趣,而不呆板雷同。无论风姿神态、纹理轮廓、色彩明暗、疏密虚实、前后高低,都能变化多姿。自然景物本身就是群峰有参差,树木不齐头,丛林低昂聚散,孤树俯仰倚斜,水有曲折蜿蜒,地有陡缓平夷,色有浓淡明暗,形有疏密虚实。所以在景物安排上,无论平面立面都忌规则整齐,生硬呆板。山石树木的配置,都要求前后高低参差错落,避免整齐对称和形成规则的几何形。自然生长而在一起的两株树木,就多有高低、俯仰、向背;所谓"顾盼有情"的数株一丛,就绝少会形成规则等距的三角形、方形、菱形、梅花形,而是各有远近、有疏有密的,树冠的高低大小也是参差错落、千变万化、活泼多姿的。盆景中的所有景物,各个部位都要相互顾盼、相互呼应,使分散的景物有机地连成一体。

任务实施

序号	实 施 内 容
1	分组讨论: 潘仲连大师的盆景《刘松年笔意》,是从刘松年的画风、画意、画境中寻找其精华,汲取其精髓创作而成。查阅资料,收集古代的画理、画论,讨论这些画理画论如何在盆景中应用。
2	分组讨论:讨论下面的盆景所用到的构图原理。  张志刚《高天流云》(大阪松、英德石)
3	小组分享:分享3个构图好的作品,并说明构图原理。

任务评价单

任 务 分 组				
班级			组号	
组长			学号	
组员	姓名		学号	任务分工

评价环节		评价内容	评价方式	分值	得分
课前	课前学习	线上学习	教学平台(100%)	10	
	课前任务	实践学习	教师评价(100%)	5	
课中	课堂表现	课堂投入情况	教师评价(100%)	10	
	课堂任务	任务完成情况	教师评价(40%)	20	
			组间评价(40%)	20	
			组内互评(20%)	10	
	团队合作	配合度、凝聚力	自评(50%)	5	
			互评(50%)	5	
课后	项目实训	整体完成情况	教师评价(100%)	15	
合计				100	

第二篇
设计·制作

项目二　盆景的工具与材料

任务一　认识盆景工具

任 务 要 求	
任务内容	常言道,"七分工具三分活",好的工具在盆景制作时可以达到事半功倍的效果。本任务主要介绍盆景工具,让学生掌握常见盆景制作工具的用途及使用。
知识目标	了解树木盆景的常用工具; 了解山石盆景的常用工具; 了解盆景制作专用工具。
能力目标	能合理选择盆景制作工具; 能正确使用盆景制作工具。
素质目标	培养劳动自信,增强爱护工具的意识; 培养正确的价值观。

1. 制作树木盆景的常用工具及用途

(1)采掘工具(见图 2-1):铁锹、伐锄、铁镐等,采掘树桩用。

(2)手铲(见图 2-2):用于装填盆土、栽培树桩。

(3)剪子(见图 2-3):包括修枝剪、叉枝剪、球节剪、长条剪刀和小剪刀等,主要用于剪枝、剪根和剪截棕丝。各种剪刀必须锋利、坚固。

(4)锯(见图 2-4):包括普通的手锯、钢锯、鸡尾锯和可以折合的锯子等,主要用于锯截粗干、粗根及加工造型。

(5)钳子(见图 2-5):普通的电工钳、虎钳、钢丝钳、尖嘴钳均可,用于截断和缠绕铁丝。

(6)雕刻刀和嫁接刀(见图 2-6 和图 2-7):雕刻刀可用于整形或做人工脱皮、弯曲树干、雕根等;嫁接刀主要是在嫁接时用于修削枝干。

(7)凿子(见图 2-8):包括圆凿、扁凿等,根干雕凿、挖槽、枯洞修整造型及凿洞用。

(8)筛子(见图 2-9):筛子分大、中、小孔(目),用于筛培养土。

(9)竹签(见图 2-10):栽植与松土、扦插引洞用。

(10)金属丝:包括铜丝、铁丝、铝丝(见图 2-11)、铅丝等,用于树枝造型和蟠扎。

· 25 ·

(11)棕丝(绳):用于绑扎枝干。
(12)麻皮:用金属丝蟠扎枝条时,在扭曲强烈部位作衬垫用。
(13)胶布(见图 2-12):缠贴伤口。
(14)弯角铁:用于过粗枝干弯曲时的机械处理。
(15)水壶、喷雾器:水壶、喷雾器用于浇水、喷药。
(16)桶、勺:桶、勺用于施肥。

图 2-1　采掘工具

图 2-2　手铲

图 2-3　各类剪子

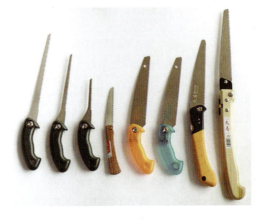

图 2-4　各种尺寸的锯

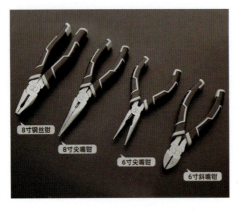

图 2-5　钳子

图 2-6　雕刻刀

图 2-7　嫁接刀

图 2-8　凿子

图 2-9　筛子

图 2-10　竹签

图 2-11　铝丝

图 2-12　胶布

2. 山石盆景制作工具

（1）雕刻工具：包括各种型号的刻刀，以及尖头钳、锉、锤子和凿子等，用于雕刻山石表面的皱纹和修整山石生硬的棱角。

（2）磨石（见图 2-13）：用于磨刀和石料底座打磨。

(3)钢丝刷:用来刷除山石表面的污垢,使山石表面看起来更接近自然。
(4)油画笔:洗刷石缝间或细部的水泥残渣。
(5)油漆刀、小刮刀:粘接山石用。
(6)水泥、白水泥、颜料、107胶水:粘接山石的黏合剂。水泥和107胶水混合,可以提高水泥的凝固强度,延长盆景的使用期限。白水泥与颜料混合调制出接近于山石的颜色,用于勾缝。
(7)安全照明灯:当加工比较深的地方,如阴凹的深沟和洞穴时,可用安全照明灯照明。
(8)切石机:如果有条件的话,应具备一台切石机,用于切割石料(见图2-14)。
(9)手锯、砂轮锯:可以用于软石类加工。砂轮用于修整山石表面以及修整锯齿。
(10)手钳:对山石进行组合时用手钳剪缚铁丝。
盆景制作工具如图2-15至图2-18所示。

图2-13 磨石

图2-14 石材切割机

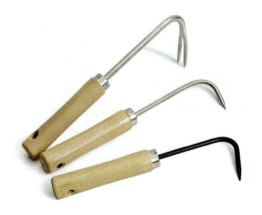

图2-15 根钩

图2-16 盆景工具套

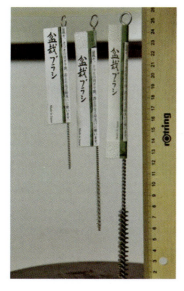

图 2-17　盆景刷

图 2-18　带网铲土勺

3. 盆景制作专用工具

"工欲善其事,必先利其器。"盆景专用工具是根据制作盆景造型的特殊要求而专门设计的,能有效提高盆景制作效率。

常用盆景专用工具有操作台、叉枝剪、球节剪、破杆剪、根切剪、叶芽剪、铝线剪等,其具体功能如下:

(1)操作台。

用混凝土或木板制成,台面要平整,最好能转动。高度为100～110厘米,宽80～100厘米,这样在操作时便于用力。要求平稳,能旋转,以方便从各个角度观察、制作盆景(见图2-19)。

(2)叉枝剪。

叉枝剪(见图2-20)是日常修剪的主要工具之一,主要用于从树干处将整条树枝剪除,在枝条密集的地方,叉枝剪的尖形刀口也可以轻松做到修剪。这种剪刀修剪后会留下一个凹面的切口,当切口愈合时,边沿会向内卷起而将切口补平。叉枝剪可以紧贴树干将整条树枝去除,不过切口愈合以后会留下疙瘩。用叉枝剪的时候要尽量与树干垂直,这样剪枝时流出的树液会比横切口更快止住。

(3)球节剪。

球节剪(见图2-21)是比叉枝剪更新式的工具,剪除树枝后留下的圆凹形切口,愈合后会非常平整。这种剪刀也称为瘤剪,可以用来初步雕刻枯木和树杈,也可用来剪除无法一次性剪断的大型残根,但不可以超强度使用。

(4)叶芽剪。

叶芽剪的特点是剪刀加长,可以非常精确地剪下叶芽或者纤细的嫩枝,细枝的大略修剪也可以用这种剪刀,对于小型盆景来说是最适宜的。叶芽剪不能用于修剪过粗的枝干,刀刃容易受损。(无论使用哪一种类型的剪刀,都应切记:如果剪不断,就不要轻举妄动!)

(5)断丝钳(铝线剪)。

一般便宜的家用金属钳虽然可以顺利剪断一段扎线用的金属丝,但是往往会损伤树皮,铝线剪却可以精确地剪下剩余的金属丝。持剪时,要注意刀刃部分应该成直角对准金属丝。

(6)根切剪。

根切剪(见图2-22)结合了球节剪与破杆剪的特点,强化了其通用性,是所有盆景工具中最坚实的一种,维护打磨也最方便,可轻松解决残根与死木,也可以做初步的雕刻。

(7)破杆剪。

在盆景制作时,粗的枝条在做大的弯曲造型时,可以利用破杆剪(见图2-23)方便地将枝条分成两股,这样就可以利用最小化的伤口,换取最大化的弯曲度。避免弯曲的时候引起的横向断裂,造成枝条死亡。

(8)拉丝钳。

拉丝钳(见图2-24)用于盆景造型铝线蟠扎、拆卸,以及用于盆景舍利丝雕制作之拉树皮,等等。

图 2-19 旋转操作台

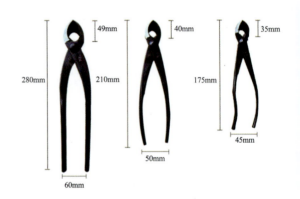

图 2-20 叉枝剪

图 2-21 球节剪

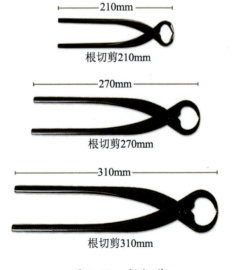

图 2-22 根切剪

项目二　盆景的工具与材料

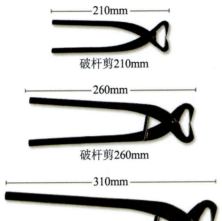

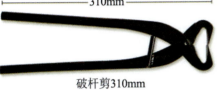

图 2-23　破杆剪

图 2-24　拉丝钳

各种盆景剪的
不同用法

任务实施

序号	实施内容
1	分别写出下列图片中的工具名称。 A B C D E F
2	写出 10 种常见盆景工具的名称和用法。

· 31 ·

任务评价单

任务 分 组			
班级		组号	
组长		学号	
组员	姓名	学号	任务分工

评价环节		评价内容	评价方式	分值	得分
课前	课前学习	线上学习	教学平台(100%)	10	
	课前任务	实践学习	教师评价(100%)	5	
课中	课堂表现	课堂投入情况	教师评价(100%)	10	
	课堂任务	任务完成情况	教师评价(40%)	20	
			组间评价(40%)	20	
			组内互评(20%)	10	
	团队合作	配合度、凝聚力	自评(50%)	5	
			互评(50%)	5	
课后	项目实训	整体完成情况	教师评价(100%)	15	
合计				100	

任务二 盆景的植物素材

任务要求	
任务内容	本任务主要介绍盆景的常见植物素材，并且通过对植物特性进行讲解，让学生了解盆景植物的选用。

续表

	任 务 要 求
知识目标	掌握常见的盆景植物素材； 了解盆景植物特性； 了解盆景植物用途。
能力目标	能合理选择各种盆景素材进行盆景创作。
素质目标	培养文化自信，提高盆景审美； 培养正确的价值观。

1. 盆景植物素材的选择原则

树木盆景是以树木为主体材料，是有生命的。在其生长过程中，随着树龄增长，季节更替，而产生不断的形态变化。不同的树木种类其取景的内容是不同的。有的以露根取胜，如榕树盆景；有的以虬干取胜；有的以叶形、叶色见长；有的以花、果取胜。总之，树姿力求古朴、秀雅、苍劲、奇特，色彩要丰富，风韵要清秀。这就是树木盆景造型艺术的基本要求和技巧。自然界的植物种类繁多，但树木盆景素材的选择标准是：

(1) 生长缓慢、寿命较长；
(2) 节短枝密、叶片细小；
(3) 耐剪耐扎、易发新芽；
(4) 耐瘠耐薄、病虫害少；
(5) 色彩秀丽，花娇果好。

2. 常见盆景植物素材

2.1 松柏类

松柏，是松与柏两种类型植物的合称，其共同点是大部分种类树姿雄伟，四季常青，凌霜傲雪，寒暑不改容，是坚贞的象征，深受世人赞扬。人们常用"苍松翠柏"来比喻有高贵品质、坚定节操的人。松柏还是长寿树种，其树龄短则数百年，长则可达数千年。松柏类之所以能成为主流盆景树种，其原因除了寿命长、具有较强的观赏性外，还因其生长缓慢，不需要经常整形，能够长期保持其造型的稳定。

2.1.1 黑松

黑松，松科松属常绿乔木。树皮灰黑色，鳞片状开裂；冬芽银白色。叶针形，2针一束，粗而硬，深绿色。枝条横展，轮状排列，原产日本，我国山东、江苏、安徽、浙江等有栽种。喜光，耐干旱瘠薄，但不耐水涝；除重盐碱土外，中性土、石灰性土、微酸性土均能适应。根系发达，栽培成活率高，幼年期生长健壮，适应性强。

黑松为制作松类盆景的好材料，常与梅花、翠竹配植，组成岁寒三友盆景；如附以山石，则成松石盆景。黑松盆景可制作成斜干式、曲干式、悬崖式等形状,也可制成附石式盆景。由于黑松针叶粗硬而较长,不宜剪扎成层片状,多以自然形为主,显示典型松树特色(见图 2-25)。黑松常用作五针松嫁接繁殖的砧木。

2.1.2　五针松

五针松,松科松属常绿乔木。树皮老时呈鳞片状剥落,褐色;叶针形,细短,五针成簇,叶表面有白色气孔线,叶鞘早落。常见栽培的有旋叶五针松、黄叶五针松、白头五针松、短叶五针松等。性喜阳光,适生于土层深厚湿润、排水良好的微酸性土壤或灰化黄土壤,碱性土及砂土均不适宜生长。忌水湿而畏炎热。

五针松干、枝、叶配合紧凑,苍劲而有力度,可塑造成片状,有如层云涌簇之势,为树木盆景之珍贵树种(见图 2-26)。

图 2-25　黑松盆景

图 2-26　五针松盆景

2.1.3　锦松

松科松属常绿乔木。一年生枝淡黄褐色,无毛;老枝和树干粗糙,灰褐色或灰黑褐色;一般 7～8 年树龄后,树干开始开裂成不规则的块状突起,裂痕很深,树形随裂痕扭曲,树干凹凸奇特,古朴苍劲。叶针形,2 针 1 束,叶鞘宿存。球果圆锥状卵圆形,有短柄,熟时栗褐色。阳性树种,稍耐寒,喜温暖湿润环境。在排水良好、肥沃的微酸性壤土中生长良好。

锦松原产日本,我国各地引种栽培,是优良的盆景材料之一(见图 2-27)。

2.1.4　金钱松

金钱松为松科金钱松属落叶乔木。树冠圆锥形或近塔形,老干红褐色,有鳞片,枝条不规则轮生,有长枝和短枝之分,长枝伸展,短枝侧生。叶线形,柔软,长枝上的叶螺旋状互生,短枝上的叶呈簇状生于顶端,春夏为浅绿色,柔翠娇嫩;秋季为深黄色,如簇簇黄金,非常美丽;入冬叶落时基部为金钱状,故名"金钱松"。变种有丛生金钱松、矮型金钱松、垂枝金钱松等,都很适合制作盆景。金钱松喜温暖湿润和阳光充足的环境,但夏季高温时仍要适当遮光,特别是种植在浅盆内的,更要防止烈日暴晒,以免造成焦叶。平时保持盆土湿润而不积水,雨季注意排水,避免因盆土积水导致烂根,经常用细喷壶向植株喷水,以增加空气湿度,使叶色美观。

金钱松盆景最为常见的形式是将数株合栽制作丛林式或水旱式盆景(见图 2-28),也可 2 株合栽或单株孤植,制成双干式、直干式、曲干式或斜干式等不同形式的盆景。

图 2-27 锦松盆景

图 2-28 金钱松盆景

2.1.5 马尾松

马尾松也称青松,松科松属常绿乔木。树皮呈鳞片状剥裂,下半部灰黑色,上半部鲜赤色,枝条轮生,幼时向上伸展,成年后则平展或下垂式伸展。喜欢温暖和光照充足的环境,它不耐庇荫,怕水涝,不耐盐碱,喜微酸性土壤,适合年均温度在 13～22 ℃ 的地方生长,最低温度不能低于零下十摄氏度。育苗可选择土壤疏松肥沃、湿润排水性好的沙壤土或壤土作圃地。

马尾松盆景的造型原则上以呈现刚阳苍劲为主题,但因其枝条柔韧,可塑性特强,而山野所得桩头矮壮屈曲居多,挺拔干净利落的甚少,且多缺枝托,故应不拘一格,因材施艺(见图 2-29)。

2.1.6 圆柏

圆柏为柏科圆柏属常绿乔木,树皮深灰色,纵裂,呈条片状开裂。叶二型,刺状叶生长在幼树上,鳞片状叶则生长于老树上,而壮年树则刺状叶和鳞片状叶兼有。圆柏耐干旱,忌积水,浇水不可偏湿,不干不浇,做到见干见湿。圆柏桩景不宜多施肥,以免徒长,影响树形美观。

圆柏老干虬曲古雅,气韵生动,叶色浓绿,用其制作盆景,老而弥坚,彰显出生命之顽强(见图 2-30)。圆柏的变种很多,适合制作盆景的有龙柏和真柏等。

2.1.7 侧柏

侧柏(*Platycladus orientalis*),柏科侧柏属常绿乔木。全株具特殊的芳香气味;树皮灰浅褐色,纵裂成条状,有薄片状剥落;小枝扁平,向上生长。侧柏喜光,但又有一定耐阴性能,春秋两季置阳光充足、通风良好、比较湿润的场所养护。

图 2-29　马尾松盆景　　　　　图 2-30　圆柏盆景

侧柏在我国分布广泛,具有树干苍古、树姿优美、气味芳香、寿命长等特点,是松柏类盆景的代表树种(见图 2-31)。侧柏与多种柏树有着很好的亲和力,可用其做砧木,嫁接其他种类的柏树。

2.1.8　刺柏

刺柏,柏科刺柏属常绿乔木。树皮褐色,有纵向沟槽,呈条状剥落。枝条疏散向上生长,小枝下垂,三棱形,初为绿色,后呈红褐色。喜光,耐寒,耐旱,对土壤要求不严。

对于播种、扦插、压条繁殖的刺柏幼树,可加工成单干式、斜干式、曲干式、临水式、悬崖式、附石式等不同形式的盆景。对于生长多年的老桩造型要因树而异,参考大自然中的柏树形态和绘画中的古柏,采用粗扎细剪的方法,以表现出柏树既苍老古朴又生机勃勃的风姿(见图 2-32)。

2.1.9　真柏

柏科圆柏属常绿灌木,枝干常屈曲匍匐,小枝上升作密丛状。刺形叶细短,通常交互对生或 3 叶轮生,长 3~6 毫米,紧密排列,微斜展。球果圆形,带蓝绿色。喜光,略耐阴,耐寒性强,亦耐瘠薄,能生于岩石缝中;对土壤要求不严,中性土、石灰性土均能适应,但以肥沃、深厚及含腐殖质丰富的土壤最宜。

真柏盆景一直以老干虬枝、叶细紧密、姿态优美而闻名海内外盆景界,可制成舍利干,白骨红皮相间,势如游龙,苍劲古朴,实有仙家风范,堪称盆景中之上品(见图 2-33)。

2.1.10　璎珞柏

璎珞柏也称欧洲刺柏、垂丝柏,柏科刺柏属常绿乔木。树干浅灰褐色,呈长条状剥离,大枝直立向上生长,小枝细长下垂,生鳞叶的小枝扁平,排列成一平面,两面同型。性喜冷凉、干燥、向阳之地,生长适宜温度 13~23 ℃,平地夏季高温或秋末至春季低温期生长尚佳,夏季高温多湿则生育转劣。对土壤要求不严,能耐瘠薄,但要排水良好。

图 2-31　侧柏盆景

图 2-32　刺柏盆景

璎珞柏可根据树桩形态制作成直干式、斜干式、曲干式、双干式、水旱式、丛林式等多种造型。树冠则多利用小枝自然下垂的特点,制作模仿垂柳神韵的垂枝式盆景(见图 2-34),也可采用金属丝蟠扎与修剪相结合的方法,将树冠加工成层次分明的云片状、规整的馒头形或三角形。

图 2-33　真柏盆景

图 2-34　璎珞柏盆景

2.2 杂木类

2.2.1 榕树

榕树,桑科榕属常绿乔木,具须状气生根。冠幅广阔,树皮深灰色;单叶互生,叶薄革质,狭椭圆形,表面深绿色,有光泽。树姿优雅奇异,形似稠密的丛林,具有"独木成林"的景观效果,是叶、枝、干、根皆可赏的盆景树种。

造型:造型有大树型、文人树、露根式、丛林式、悬崖式、临水式、象形式等。其萌发力强,耐修剪,枝条柔软,可采用修剪与蟠扎相结合的方法造型(见图2-35)。榕树的根系发达,根盘稳健雄奇,而下垂的气生根飘逸多姿,更是榕树盆景的一大亮点。造型时应注意这点,可根据需要进行提根,还可以通过人工培育气生根的方法,提高观赏性。主要方法有嫁接法和折枝法两种。

养护:榕树属于亚热带植物,喜欢阳光充足、通风良好、温暖湿润的环境。性耐旱,耐半阴。一般应放置在通风透光处,要有一定的空间湿度。阳光不充足,通风不畅,无一定空间湿度,可使植株发黄、发干,导致病虫害发生,直至死亡。

2.2.2 小叶女贞

木樨科女贞属,常绿或半落叶灌木或小乔木。树皮灰褐色,小枝淡棕色,叶片薄革质,绿色,其形状有披针形、长圆状椭圆形、椭圆形、倒卵状长圆形至倒披针形或倒卵形等,单叶对生,全缘。圆锥花序顶生,白色有香气,无小花梗,核果宽椭圆形,熟时紫色,花期5—7月,果期8—11月。

小叶女贞叶片小而致密,四季青翠(部分品种落叶),老桩移栽成活率高,须根发达,枝条柔嫩,利于蟠扎定型,树形优美,冠形整齐,萌蘖力强,易发枝,耐修剪耐蟠扎,生长迅速,一般三五年就可以养护出一盆像模像样的盆景作品,因此是盆景爱好者的入门树种,也是盆景匠人喜欢的优良树种。

造型:小叶女贞枝条柔软,耐强剪,易于造型。可以根据树桩的自然姿态,制作成不同类型的树桩盆景(见图2-36)。造型以扎、剪并用的方法进行,以金属丝蟠扎骨架,用修剪的方法对树冠进行造型。

图2-35　榕树盆景

图2-36　小叶女贞盆景

养护：小叶女贞适应性强，容易管理。平时要注意根部不失水。冬季防冻根，可将花盆埋入背风向阳的地下；也可对花盆采取防冻措施后，置于背风向阳的室外或冷室内越冬。在最炎热的时期，不要让小叶女贞的叶子暴晒，否则将会出现卷叶现象，影响观瞻。

为了避免树桩的退化和老化，每隔几年，在保留桩子基本骨架的基础上，对枝条进行重型短截，然后再造型。而在生长旺盛的季节，要经常摘心和修剪，促使新枝萌发，使之叶子变小、叶子稠密、叶色亮丽。

2.2.3 对节白蜡

对节白蜡又名湖北梣、湖北白蜡，木樨科梣属，落叶乔木。树皮深灰色，老时纵裂，幼枝、壮枝树皮光滑，呈浅灰绿色，老小枝挺直，被细绒毛或无毛叶对生，卵形，新叶带有红晕，以后逐渐呈深绿色，有光泽。花杂性，密集簇生于去年生枝上，呈甚短的聚伞圆锥花序。

造型：对节白蜡树可根据树桩的形态制作成不同形式的盆景，常采用截干、蓄枝、修剪、蟠扎、嫁接、雕刻相结合的方法进行造型；由于其枝叶紧凑，树冠多采用层次分明的云片式或规整严谨的三角形（见图2-37）。

生长多年的对节白蜡树根部和树干虬曲苍劲，粗壮多姿，可在保留一定"水路"的条件下，将其雕刻成山形、怪石形，苍老古朴的树干与青枝绿叶相映成趣，具有较高的观赏性。

养护：对节白蜡树喜温暖湿润和阳光充足的环境，生长期可放在阳光充足、空气流通处养护。

2.2.4 榆树

榆科落叶乔木，树干灰白或灰褐色、深灰色。叶片椭圆形至长圆形，叶面平滑无毛，边缘有不规则的单锯齿。翅果圆形，形似金钱，故称"榆钱"。全属有40多种，适合制作盆景的是家榆、榔榆、红榆等叶片细小而稠密、根干苍劲虬曲的品种。

造型：可根据树桩的基本形状加工成各种不同形式的盆景（见图2-38）。树冠既可用潇洒扶疏的自然型，也可采用圆顶的大树型，还可加工成规整的圆片造型。造型方法是扎、剪并用，先用金属丝蟠扎出基本形态，再细细修剪。

养护：榆树习性强健，管理粗放。

图2-37 对节白蜡盆景

图2-38 榆树盆景

2.2.5 朴树

朴树也称沙朴、朴榆,在岭南盆景中称"相思",榆科朴属落叶乔木。树皮灰褐色,平滑不开裂;当年生枝密被柔毛。叶互生,长5～11厘米,宽2.5～5厘米;质厚,卵状椭圆形或椭圆状矩圆形,叶缘中上部有圆钝的锯齿。

造型:朴树盆景常见的造型有直干式、斜干式、悬崖式、丛林式、附石式等多种造型。对于幼树,可采用蟠扎的方法,再辅以修剪;而对于老桩则根据树桩的形态,利用根、干、枝在树势中的作用,前几年以蟠扎为主,做出基本骨架,以后以修剪为主(见图2-39)。其中岭南派的朴树盆景采用"截干蓄枝"的修剪技法,其枝干苍古有力,尤其是落叶或人工摘叶后,其筋骨毕露,枝若鸡爪、似鹿角,刚健有力。

养护:朴树喜光,生长期可放在室外阳光充足、空气流通之处养护,浇水掌握"见干见湿,浇则浇透"的原则;适应性强,对土壤要求不严,但在疏松肥沃、含腐殖质丰富、排水良好的砂质土中生长更好。

2.2.6 黄杨

黄杨也称小叶黄杨、千年矮、瓜子黄杨,黄杨科黄杨属常绿灌木或小乔木。树干灰白色,光洁,枝条密生,枝四棱形。叶对生,革质,全缘,椭圆或倒卵形,先端圆或微凹,表面亮绿色,背面黄绿色。花簇生叶腋或枝端,4—5月开放,花黄绿色。

同属植物约70种,用于制作盆景的还有雀舌黄杨(也称细叶黄杨)、锦熟黄杨、珍珠黄杨、豆瓣黄杨等品种。

造型:黄杨可根据树桩的形态,制作直干式、斜干式、悬崖式、丛林式、一本多干式、附石式、文人树等多种款式的盆景,树冠既可采用层次分明的云片状、馒头型,也可采用清秀典雅的自然型(见图2-40)。

养护:黄杨喜温暖湿润的半阴环境,怕烈日暴晒,否则会使叶片发黄。生长期需经常浇水,以防止因失水造成叶片脱落。

图2-39 朴树盆景

图2-40 黄杨盆景

2.2.7 福建茶

福建茶也称基及树、猫仔树,紫草科基及树属常绿灌木。树干嶙峋,灰白色至灰褐色,植株多分枝。叶互生或簇生,长3~9厘米,革质,倒卵形或匙形,深绿色,有光泽。花冠钟状,花白色或稍带红色,夏季开放。核果成熟后红色或橙黄色。品种有大叶、中叶、小叶之分。其中的小叶福建茶植株矮小虬曲,叶小,果多,最适合制作小型和微型盆景以及丛林式盆景。

造型:福建茶萌发力强,耐修剪,可制作斜干式、直干式、丛林式、悬崖式、水旱式等多种造型的盆景(见图2-41)。在气候温暖的南方,一年四季都可生长,其造型方法以修剪为主;而北方地区,生长时间只有半年,可以采用修剪与蟠扎相结合的方法,以加快成型速度。

养护:福建茶喜温暖湿润的半阴环境,成型的盆景在生长期可放在室外空气流通、没有直射阳光处养护,保持土壤湿润;天热和空气干燥时可向植株及其周围喷水,以增加空气湿度,使叶色润泽。

2.2.8 蚊母

蚊母,金缕梅科蚊母树属常绿乔木。小枝和芽有盾状鳞片。叶厚革质,椭圆形,顶端钝或稍圆,基部宽楔形,全缘;叶色暗绿,光滑无毛,新叶在阳光充足的条件下有红晕。总状花序,腋生,有星状毛;苞片披针形,红色;萼筒极短,花后脱落,萼齿大小不等,有鳞毛。蒴果卵形,密生星状毛。

蚊母的品种很多,常用于制作盆景的有杨梅叶蚊母、中华蚊母、中华细叶蚊母等,其中的中华细叶蚊母叶片细小,枝叶密集,树形整齐,叶色浓绿,小枝略呈"之"字形曲折,很适合制作盆景。

造型:蚊母枝条柔韧,萌发力强,耐修剪,适合制作各种不同形式的盆景(见图2-42)。叶片较小的中华蚊母、中华细叶蚊母的树冠常加工成规整的云片型;而叶片较大的杨梅叶蚊母的树冠多制作成潇洒飘逸的自然型。

图2-41 福建茶盆景

图2-42 蚊母盆景

养护：蚊母喜温暖、湿润和阳光充足的环境，耐半阴，稍耐寒。生长期可放在室外光线明亮、空气流通处养护，平时保持盆土湿润，避免干旱。经常向叶面喷水，以增加空气湿度，使叶色浓绿光亮。盆土要求含腐殖质丰富、肥沃疏松并有良好的排水透气性。

2.2.9　九里香

九里香也称月橘、七里香、木万年青、千里香，芸香科九里香属常绿灌木或小乔木。树干和老枝灰白色或淡黄灰色，当年生新枝绿色。奇数羽状复叶，小叶 3～9 片，有卵形、倒卵形、倒卵状椭圆形等多种形状，绿色，有光泽；叶长 1～6 厘米，宽 0.5～3 厘米。花序通常顶生兼腋生，花多朵聚成伞状，花白色，有芳香，花期 4—8 月或秋后。果实橙黄色至朱红色，椭圆形或阔卵形，9—12 月成熟。

造型：九里香是岭南派盆景的代表树种之一，其树干色泽淡雅，形态古雅遒劲，适合制作多种造型的盆景（见图 2-43）。无论何种造型的盆景，都要表现植物的枝干古朴苍劲的特色。造型方法以修剪为主。

养护：九里香喜温暖湿润和阳光充足的环境，不耐寒，适宜在疏松肥沃、排水良好的砂质土壤中生长。

2.2.10　博兰

博兰也称海南留萼木，大戟科留萼木属（博兰属）常绿灌木。株高 1～2 米；当年生小枝被细柔毛，老枝无毛，有时具木栓质狭棱。叶纸质，倒卵状椭圆形，长 2～4.5 厘米，宽 1.5～2.5 厘米，顶端圆形，微凹，全缘。

博兰是海南省特有的植物，受高温、高湿、台风等热带海岛气候的影响，其根系发达，枝干古朴苍劲、虬曲多姿。盆景中常摘去其叶片，以表现苍古之韵味。

造型：适合制作多种造型的盆景，除单株成景外，还可数株合栽，制作丛林式盆景；与山石搭配，制作树石盆景（见图 2-44）。造型方法可采用修剪与蟠扎相结合的方法。

养护：博兰喜温暖湿润和阳光充足的环境，要求有充足的水肥供应，其萌发力强，耐修剪，可随时剪去影响树形的枝、芽，以保持盆景的美观。

图 2-43　九里香盆景

图 2-44　博兰盆景

2.2.11 柽柳

柽柳（*Tamarix chinensis*）也称三春柳、观音柳、红柳，柽柳科柽柳属落叶灌木或小乔木。植株多分枝，新枝树皮光滑，红褐色或紫褐色，老干树皮粗糙多裂纹，呈灰黑色。叶互生，无柄，叶片细小，呈鳞片状，绿色。圆锥状花序着生于当年生枝条顶端，小花粉红色，5—9月开放。

造型：柽柳盆景主要有仿垂柳造型、仿松树造型、自然式等三种类型（见图2-45）。

养护：柽柳喜温暖湿润和阳光充足的环境，耐半阴和寒冷。生长期放在室外空气流通、阳光充足处养护，经常浇水，以保持盆土湿润，避免因干旱引起叶片发黄脱落；经常向植株喷水，以增加空气湿度，使其叶片翠绿、新枝健壮。

2.2.12 黄荆

黄荆也称五指柑、五指风、布荆，马鞭草科黄荆属落叶灌木或小乔木。枝叶具有特殊的气味，小枝四棱形，灰白色，密被细茸毛。掌状复叶对生，具长柄，小叶椭圆状卵形，全缘或具有3～6钝锯齿。圆锥花序顶生，小花淡紫色或灰白色。

造型：黄荆树桩形态奇特古雅，极富变化，造型时可根据树桩的具体形态，制作不同形式的盆景（见图2-46）。

养护：黄荆喜温暖湿润和阳光充足的环境，耐寒冷和干旱。生长期可放在室外光照充足、空气流通的地方养护；浇水做到"不干不浇，浇则浇透"，除天气过于干旱、空气过于干燥外，对叶片喷水不宜过多，否则会使叶片变大，失去雅趣，影响观赏。

2.2.13 雀梅

雀梅也称对节刺、雀梅藤、刺冻绿、碎米子，鼠李科雀梅藤属攀缘性落叶灌木。树干褐色，表皮斑驳，有的甚至能形成枯朽的洞穴，给人以古朴苍老的感觉。叶片细小，近对生，卵状椭圆形，绿色而有光泽。小花白色。果实成熟后呈紫色。雀梅形态优美，虬曲多姿，是我国制作盆景的传统树种，与"黄山松、璎珞柏、榆、枫、冬青、银杏"共称"盆景七贤"。

造型：雀梅盆景的造型应根据树桩的形态，加工成合适的盆景；树冠既可制成规整的圆片型，也可加工成潇洒扶疏的自然型（见图2-47）。

图2-45 柽柳盆景

图2-46 黄荆盆景

养护：雀梅喜温暖湿润和阳光充足的环境，除夏季高温时要适当遮光，避免烈日暴晒外，其他季节都要给予充足的光照。

2.3 观花类

2.3.1 金雀花

豆科锦鸡儿属落叶灌木，高可达 2 m，枝条细长，当年生枝淡黄褐色，老枝灰绿色，皮孔矩圆形，分布均匀，有托叶，托叶细而尖锐，长 1～4 mm，假掌状复叶，叶轴短，先端刺尖状，有 4 小叶，呈掌状排列，叶硬纸质，全缘，椭圆状倒卵形，长 1～3 cm，先端圆具小短尖，两性花，多单生，花梗细长，约为花萼之长的 2 倍，中部具关节，花鲜黄色，荚果圆筒形，长 4cm，熟时开裂且扭转，花期 5—6 月，瓣端稍尖，旁分两瓣，势如飞雀，故名"金雀花"。果熟 7—9 月。中国原产种，同属植物五十余种，我国产四十余种。

图 2-47 雀梅盆景

造型：休眠时起根，对根稍加整理，把枝叶用棕丝蟠扎，以过渡自然、突显老态为主（见图 2-48）。

养护：金雀花适应性强，耐寒、耐干旱、耐瘠薄，唯一的缺点是不耐积水；喜光照、通风、温暖、湿润的环境，用肥沃、疏松、排水良好的砂质壤土最好。如果光照不足，茎节瘦弱、细长、徒长，叶片纸质出现黄色斑块，易脱落。

2.3.2 紫藤

豆科紫藤属，多年生木质藤本植物。花紫色，呈总状花序下垂，荚果扁平，长条状，观赏性较强。花期 4 月中旬至 5 月上旬，果期 5—8 月。

造型：紫藤盆景造型以修剪为主，蟠扎为辅，目的在于充分表现其简朴的自然形态。枝条要上下错落，避免单调，层次宜少不宜多（见图 2-49）。紫藤盆景的形式有曲干式或斜干式、垂枝式和悬崖式，还可配制成附石式。

图 2-48 金雀花盆景

图 2-49 紫藤盆景

养护:紫藤性喜温暖湿润和阳光,耐阴,耐旱,并喜疏松、肥沃、排水良好的向阳地,忌大风。紫藤属于强直根性植物,侧根少而浅,以疏松肥沃、排水良好、湿润的砂土壤为佳,也可以上盆时加入适量骨粉作基肥。

2.3.3 紫薇

千屈菜科紫薇属落叶灌木或小乔木。树皮易脱落,树干光滑,且愈老愈光滑,用手抚摸,全株微微颤动,故又称为入惊儿树、痒痒树。幼枝略呈四棱形,稍呈翅状。叶互生或对生,近无柄,椭圆形、倒卵形或长椭圆形,光滑无毛或沿主脉上有毛。圆锥花序顶生,花瓣红色或粉红色,边缘有不规则缺刻。蒴果椭圆状球形,花期6—9月,果期7—9月。

造型:紫薇小苗制盆景可采取多干(枝)扭合法加粗主干(见图2-50)。为使光滑平整的紫薇树皮呈现苍老斑驳之态,在生长旺盛期,用刀斧砍伤或击伤局部树皮,在木质部涂石硫合剂,使其变白,给人以久经风霜的感觉,也可将枝干劈裂、折断、扭破等,待长出愈伤组织后,树干上就会斑瘤累累,显示出苍老之态。

养护:紫薇喜阳光,生长季节必须置室外阳光处。春冬两季应保持盆土湿润,夏秋季节每天早晚要浇水一次,干旱高温时每天可适当增加浇水次数。盆栽紫薇施肥过多,容易引起枝叶徒长;若缺肥则导致枝条细弱,叶色发黄,整个植株长势变弱,开花少或不开花。

2.3.4 梅

梅是蔷薇科李属的落叶乔木,高可达10米,枝常具刺,树冠呈不正圆头形。枝干褐紫色,多纵驳纹,小枝呈绿色或以绿为底色,无毛。叶片广卵形至卵形,边缘具细锯齿。梅花是中国十大名花之首。

造型:要根据树桩的形态特点,反复观察研究、构思造型,然后进行加工。在梅花盆景的骨架制作完成后,要通过多次修剪来优化盆景细节(见图2-51)。

图2-50 紫薇盆景

图2-51 梅花盆景

养护:梅花盆景需要良好的通风环境,同时阳光和日照也要充足,且场地要比较开阔。养护过程中要注意施肥和浇水。

2.3.5 杜鹃

杜鹃又名映山红、山石榴、山踯躅,为半常绿灌木,株高可达 2 米。茎直立,分枝多且细,密被有棕褐色扁平糙状毛。一般春季开花,每簇花 2~6 朵,花冠漏斗形,有红、淡红、杏红、雪青、白色等颜色,花色繁茂艳丽。

造型:杜鹃花可制作成直干式、斜干式、曲干式、双干式、多干式、露根式、悬崖式、附石式、水旱式等多种形式的盆景(见图 2-52 和图 2-53)。造型时应遵循先粗后细的原则,对主干、主枝进行适当蟠扎,其他枝条则以修剪的方法使之成型。由于杜鹃花枝干比较脆弱,容易折断,操作时应小心谨慎。

图 2-52 杜鹃盆景 1

图 2-53 杜鹃盆景 2

养护:杜鹃喜湿润而忌水涝,盆栽后应在盆面铺盖苔藓,增加保湿能力。上盆后应放置在散射光强而又不直晒的地方。

2.3.6 三角梅

紫茉莉科叶子花属植物,常绿攀缘状灌木。茎粗壮,枝下垂,无毛或疏生柔毛;叶片纸质,卵形或卵状披针形;花顶生枝端的 3 个苞片内,花梗与苞片中脉贴生,每个苞片上生一朵花;雄蕊 6~8;苞片叶状,紫色或洋红色,长圆形或椭圆形,花柱侧生,线形,边缘扩展成薄片状,柱头尖;花被管狭筒形,长 1.6~2.4 厘米;花盘基部合生呈环状,上部撕裂状。

造型:三角梅造型有两种方式,分别是截干蓄枝法和粗扎细剪法(见图 2-54 和图 2-55)。商业化操作的大型三角梅盆景,都使用粗扎细剪法,养护与修剪、蟠扎相结合。

养护:三角梅喜欢温暖湿润的环境。北方养植三角梅,要注意冬季不能低于 5 ℃,在 15 ℃以上可以正常生长。三角梅喜光,无论是休眠期还是生长季节,都要给予充足的光照、通风。

2.3.7 菊花

菊科菊属的多年生宿根草本植物。高 60~150 厘米。茎直立,分枝或不分枝,被柔毛。叶互生,有短柄,叶片卵形至披针形,长 5~15 厘米,头状花序单生或数个集生于茎枝顶端,直径 2.5~20 厘米,大小不一;因品种不同,差别很大。花色则有红、黄、白、橙、紫、粉红、暗红等各色,培育的品种极多,头状花序多变化,形色各异,形状因品种而有单瓣、平瓣、匙瓣等多种类型,花期 9—11 月。

图 2-54　三角梅盆景 1

图 2-55　三角梅盆景 2

造型:常见的造型有仿树木盆景的悬崖式、单干式、斜干式、丛林式或附石式、附木式以及微型菊花盆景、仿国画的菊石图等多种(见图 2-56 和图 2-57)。

养护:不同的生长时期菊花对于水分的需求是不一样的。春季要少浇水;夏季由于气温比较高,水分蒸发快,为了满足菊花的生长所需,需要多浇水,并时不时地给枝叶喷水;秋季菊花进入生长旺盛时期,对于水分的需求是比较大的,所以需要多浇水;冬季为了使菊花能够安全越冬,大家需要少浇水。注意细节:浇水要浇透,但是不可出现积水的情况。

图 2-56　菊花盆景 1

图 2-57　菊花盆景 2

2.4 观果类

2.4.1 石榴

石榴（Punica granatum），石榴科石榴属，落叶灌木或小乔木，在热带则变为常绿树。树冠丛状自然圆头形。小枝柔韧，具小刺。叶对生或簇生，呈长披针形至长圆形，或椭圆状披针形。花有单瓣、重瓣之分。果石榴花期 5—6 月，榴花似火，果期 9—10 月。花石榴花期 5—10 月。

造型：盆景依其选材和加工方法不同，主要分为树桩盆景和山水盆景两大类（见图 2-58）。

养护：由于石榴树桩盆景是非常喜欢太阳光的，所以一年四季都不需要荫蔽，可以全天日照。放置于通风良好的阳台向阳处就可以不用经常移动了。石榴树桩盆景非常喜欢肥沃的土壤，所以在施肥方面可以用腐熟的基肥还有磷肥，加上骨粉施用。

图 2-58 石榴盆景

2.4.2 枸杞

茄科枸杞属，落叶灌木，高达 2 米。多分枝，枝细长，拱形，有条棱，常有刺。单叶互生或簇生，卵状披针形或卵状椭圆形，全缘，先端尖锐或带钝形，表面淡绿色。花紫色，漏斗状，花冠 5 裂，裂片长于筒部，有缘毛，花萼 3～5 裂，花单生或簇生叶腋。浆果卵形或长圆形，深红色或橘红色。

造型：对枝干进行适当蟠扎和修剪。大枝宜在冬季蟠扎、修剪；小枝则可在夏秋季蟠扎。新枝可以随时用合适的铁、铅、铜等金属丝进行蟠扎。枸杞木质较脆，操作时注意用力柔和，不可过猛。制作枸杞老桩盆景一般宜做成曲干式或悬崖式，小枝则宜扎成下垂状（见图 2-59 和图 2-60）。提根造型可制成过桥式。还有其他象形式、提根式、多干式、怪式等。

图 2-59 枸杞盆景 1

图 2-60 枸杞盆景 2

养护：枸杞稍耐阴，喜干燥凉爽气候，较耐寒，适应性强，耐干旱、耐碱性土壤，喜疏松、排水良好的砂质壤土，忌黏质土及低湿环境。

2.4.3 山楂

蔷薇科山楂属，落叶乔木，树皮粗糙，暗灰色或灰褐色；刺长1~2厘米，有时无刺；小枝圆柱形，当年生枝紫褐色，无毛或近于无毛，疏生皮孔，老枝灰褐色。叶片宽卵形或三角状卵形、稀菱状卵形。花瓣倒卵形或近圆形，白色。果实近球形或梨形，直径1~1.5厘米，深红色，有浅色斑点。花期5—6月，果期9—10月。

造型：山楂树盆景的造型主要是根据树桩的自然形态来进行创作，可创作出不同形式的盆景造型。山楂树的生命力还是很强的，根盘可以做成悬根式，提根露爪，让山楂树盆景不仅作为观果盆景，观型也是很不错的（见图2-61）。

图2-61 山楂盆景

养护：山楂树的生命力强健，喜欢待在阳光充足和温暖湿润的环境中，还能耐阴、耐寒、耐旱和耐贫瘠，对土壤的要求也不高。我们进行栽培，当然要选择疏松肥沃、排水和透气性能都不错的营养土。有条件的最好在室外进行养护，接受自然的阳光雨露，生长得更加旺盛。浇水要注意，不干不浇，浇就浇透，尤其在山楂树挂果的时候，要给足水分和肥料。

2.4.4 冬红果

蔷薇科苹果属，落叶的稀半常绿乔木或灌木，冬芽具覆瓦状鳞片。叶片边有锯齿或分裂，在芽中呈对折状或席卷状，有托叶。花序呈伞形总状，花瓣白色至粉红色。果实为梨果，初为绿色，以后逐渐呈黄色，成熟后则为鲜红色，表皮光滑，经冬不落，可持续到第二年的2月至3月才陆续脱落。

造型：冬红果枝条非常柔软，可蟠扎弯曲成任何形状，此法特别适合新上盆的幼树；对于缺乏苍老古朴之态的树桩，可采用雕凿、劈裂等手法对树干进行加工，使之更加完美。由于冬红果的叶片较大，树冠多采用自然式造型，需注意让其内膛通风透光，以便它的果实正常生长（见图2-62和图2-63）。

养护：养护冬红果需要有充足光照，平时少水，2~3个月施加一次氮磷钾复合肥，冬季室温在0~10℃可安全过冬。冬红果耐寒冷，怕湿热，适宜在含腐殖质丰富、疏松肥沃、排水良好的砂质土壤中生长。冬红果不耐高温，夏季如果长时间高于35℃，可适当遮光通风，进行降温。

2.4.5 苹果

蔷薇科苹果属，落叶乔木，小枝短而粗，圆柱形，幼嫩时密被绒毛，老枝紫褐色，无毛；冬芽卵形，先端钝，密被短柔毛。叶片椭圆形、卵形至宽椭圆形，伞房花序，具花3~7朵，集生于小枝顶端，花白色，含苞未放时带粉红色，果实扁球形。花期5月，果期7—10月。

图 2-62 冬红果盆景 1　　　　图 2-63 冬红果盆景 2

造型：苹果盆景的树形，既要有利于结果，又应具有美学效果（见图 2-64 和图 2-65）。根据苗木的具体情况可培养成自然圆头形、塔形、小纺锤形、折叠扇形、开心形、Y 形等。盆景形的培养，可通过提根、塑干和整冠修剪等措施完成。提根一般在栽植或每次换盆时进行，把最上层的基部宿根去除并剪除该部位的须根，栽时适当提根，露出树干基部粗根。经过 2～3 次提根就可以使植株具有高脚和饱经沧桑的神态。树干的塑造可采用扭曲、蟠扎、拉弯、刻伤和锯枝造节等方法完成。

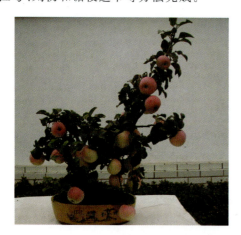

图 2-64 苹果盆景 1　　　　图 2-65 苹果盆景 2

养护：选择植株健壮、芽眼饱满、无病虫害的苗木于 4 月上中旬上盆栽植，栽植时用 5 度石硫合剂浸根消毒，并剪去坏死根，先把少量营养土装入盆底，放入苗木，将根系摆布均匀，埋土踏实，及时浇水，即可保证成活。土壤要干透浇透，萌芽期、花期、果实膨大期要及时补充水分，6 月份为促进花芽分化，要适当控水，7—8 月雨季要少浇水。

2.4.6　金弹子

柿科柿属半常绿或常绿乔木，又名乌柿、瓶兰花、黑塔子、刺柿。高 10 米左右，干短而粗，胸高直径可达 30～80 厘米，树冠开展，多枝，有刺，小枝纤细，褐色至带黑色，平直，有短

柔毛。叶薄革质,长圆状披针形,深绿色。花冠壶状,白色,芳香。果球形,嫩时绿色,熟时黄色。花期 4—5 月,果期 8—10 月。

造型:桩头挖出来后要将不必要的枝叶和根部剪除,留下那些好看的即可,修剪后可以通过金属丝等来固定造型(见图 2-66 和图 2-67)。老桩最早的蟠扎造型在刚发的枝条半木质化的时候进行,在蟠扎的时候不强调过度扭曲,这样容易伤枝,而且人工干预痕迹明显,造型也不自然。

养护:金弹子适宜的生长期是在每年的 4—11 月,喜欢阳光,可耐低温,不耐水涝,所以在平时养护的时候需要控制好浇水的频率,可以等到土壤表面干透以后再浇水。花果期的时候,要追施以磷钾为主的复合肥料,并要向植株的花叶上喷洒过磷酸钙,这可以促使植株的外形更为美观。在养护过程中,当植株长到 18 厘米高的时候,需要为其摘心打顶,这可以促进植株萌生侧枝,并且需要在植株的创口上涂抹草木灰,促使植株快速恢复。

图 2-66　金弹子盆景 1

图 2-67　金弹子盆景 2

序号	实施内容
1	分别指出下列图片中盆景的植物素材名称。  A  B

续表

序号	实施内容
1	C　　　　　　　　　　　　　D E　　　　　　　　　　　　　F
2	什么样的树木适合做桩景材料？
3	对校园内适合做盆景的植物做实地调查，并写出调查报告。
4	从松柏类、杂木类、观花类、观果类中挑选一种你最喜欢的植物素材，并向同学们分享它的植物特性、造型特征、养护方法、传统文化等内容。

任务评价单

任务分组			
班级		组号	
组长		学号	

续表

任务分组			
	姓名	学号	任务分工
组员			

	评价环节	评价内容	评价方式	分值	得分
课前	课前学习	线上学习	教学平台(100%)	10	
	课前任务	实践学习	教师评价(100%)	5	
课中	课堂表现	课堂投入情况	教师评价(100%)	10	
	课堂任务	任务完成情况	教师评价(40%)	20	
			组间评价(40%)	20	
			组内互评(20%)	10	
	团队合作	配合度、凝聚力	自评(50%)	5	
			互评(50%)	5	
课后	项目实训	整体完成情况	教师评价(100%)	15	
		合计		100	

任务三 盆景的山石素材

任务要求	
任务内容	本任务主要介绍盆景山石素材的概念以及山石素材的类型,让学生了解并掌握山石素材,更好地运用到今后的盆景制作中去。
知识目标	掌握盆景山石素材的概念; 了解山石素材的分类; 了解山石素材的基本运用。

续表

任务要求	
能力目标	能准确地区分软石类和硬石类； 能针对不同的盆景选择对应的山石。
素质目标	通过山石素材中蕴含的传统文化，培养文化自信，提高盆景山石的审美； 培养正确的价值观。

我国地域辽阔，岩石资源极其丰富，可用于制作盆景的山石种类繁多，如宋代杜绾撰写的《云林石谱》上记载的观赏类山石达 116 种之多，大体可分为软石类和硬石类两大类。山石作为盆景的主要材料可以很好地将大自然融入盆景之中。

1. 软石类

软石类又称松质石类，一般是指质地松软，多呈不规则块状，纹理杂而无序，制作时可按创作意图加工，可随意造型的一类石材。它是精细雕刻的上好石种，并且吸水性好，有利于植物生长。但软石类易被破坏，所以雕琢和陈设时需小心谨慎。由于软石类山石在雕琢时不易掌握神态的自然性和整体一致性，因此不如天然硬石的自然韵味浓。软石类不宜制作高远法的景观，但适合制作平远法和深远法的景观。

1.1 沙积石

沙积石又称上水石，学名灰华或钙华，在广东、广西又被称为连州石，它是河床砂岩层经过水流长期冲刷、积淀而形成的，呈白色、微黄、灰褐或棕色，质地不匀，硬度不匀，制作盆景时常用软质(见图 2-68 和图 2-69)。

图 2-68　沙积石 1　　　　图 2-69　沙积石 2

因其易加工，吸水性强，宜于着苔和植物生长，以及自身造型良好，稍做加工即可组合景观，特别宜于表现川派盆景高、悬、陡、深、剑峰壁立的特点(见图 2-70)。

1.2 芦管石

芦管石是指湖边芦苇枯死后杂乱堆积，在富钙环境中芦苇被钙质交代而保持芦苇管状纵横交错形态的岩石(见图 2-71)。其石管有粗有细，是由原芦苇的粗细所决定的。芦管石的纹路有大有小，具有方向性，石头上附着泥土，冲洗干净才能显出石料纹路。芦管石是典型的软石,容易风化,可用刀具加工。芦管石颜色单一,以土黄、灰色和灰白色为主。芦管石钙化过程所需时间相当短,不过几十年,在芦管石表面常见近代潮虫遗体化石,表明当时处于潮湿环境。

图 2-70　沙积石盆景

图 2-71　芦管石

由于吸水性强,表面凹凸不平,因此可以养植苔藓、蕨类等水生植物,也可以创作喜湿润的栀子、六月雪、榕树、蚊母、对节白蜡等附石盆景(见图 2-72 和图 2-73),大的还可做假山石。但芦管石疏松又脆弱,质地软硬不均匀,孔洞大小不一,所以加工时要小心谨慎,否则就会断裂。

图 2-72　芦管石盆景 1

图 2-73　芦管石盆景 2

1.3　浮石

浮石又称轻石或浮岩,是一种多孔、轻质的玻璃质酸性火山喷出岩,其成分相当于流纹岩。浮石表面粗糙,因孔隙多、质量轻能浮于水面而得名。它的特点是质量轻、强度高、耐酸碱、耐腐蚀,且无污染、无放射性等,是理想的天然、绿色、环保的产品。一般呈灰黄、浅灰、灰黑色(见图 2-74 和图 2-75)。

浮石吸水性极强,宜于植物生长,易于加工,可雕刻成各种形状,也是适宜制作盆景的山石之一。

1.4 海母石

海母石又称海浮石、珊瑚石,是海洋内贝壳类生物遗体积聚而成的化石。一般为白色,质地疏松,分粗质和细质两种:粗质较硬,不便于加工;细质疏松而均匀,有些能浮于水面。

图 2-74　浮石 1

图 2-75　浮石 2

海母石的吸水性能很好,可雕凿成各种山形(见图 2-76 和图 2-77)。其缺点是缺乏山石的自然感,同时没有太大的石料,一般只宜制作中、小型山水盆景。此外,海母石含盐分较多,需用清水浸泡一段时间,并多次漂洗,才能附生植物。

图 2-76　海母石盆景 1

图 2-77　海母石盆景 2

2. 硬石类

硬石类山石,往往有自己特殊的色彩、纹理和形态,自然韵味较强。但硬石不易加工,且石质脆硬,损坏之后较难弥补。硬石类山石,一般很少在表面进行雕琢、挖穴等人为加工,而是取天然山石进行锯截胶合。硬石类吸水性较差,在上面种植植物不易成活。

硬石类可以分为直纹石和曲纹石。

2.1　直纹石

此类石种特点是可人工劈剖,可适当加工造型,适宜立峰式、群峰式等造型。

(1)斧劈石。

斧劈石是由花岗岩球状风化产生的,有灰白、浅灰、深灰及土黄、赭红等色,多呈修长的条状或片状(见图 2-78)。石质坚硬,吸水性能较差。纹理直,刚劲有力,如同山水画中的斧劈皴,宜作险峰峭壁,是山水盆景主要石料之一(见图 2-79)。

斧劈石因其形状修长、刚劲,造景时作剑峰绝壁景观,尤其雄秀,色泽自然。但因其本身皴纹凹凸变化反差不大,因此技术难度较高,而且吸水性能较差,难于生苔,盆景成型后维护管理也有一定难度。在大型庭园布置中多采用这种石材造型。

图 2-78 斧劈石

图 2-79 斧劈石盆景

(2)石笋石。

石笋石又称白果峰、虎皮石、松皮石,石笋石以高丈余、阔盈尺者为贵,尤以青皮白果为最佳。以青灰色为多,还有淡褐、紫色等,中夹灰白色的砾石,似白果(见图 2-80)。

石笋石质地坚硬,不吸水,不便于雕凿,适宜作险峰,也适于在竹类盆景中作配石,象征竹笋。小者可顺其纹理,略施斧凿,作为盆景制作材料,所制山峰和丛山,势峭俊秀,别具一格(见图 2-81)。青灰色的石料用以表现春景山水极为适宜。

图 2-80 石笋石

图 2-81 石笋石盆景

(3)树化石。

树化石又称木化石、硅化木。它是树木因地质作用(或火山喷发或地壳运动)埋入地下,由于处于缺水的干旱环境下,或由于与空气隔绝,木质不易腐烂,而在漫长的地质作用过程中被二氧化硅交换了木质的纤维结构,并保存了枝干的外形而形成的树木化石(见图 2-82 和图 2-83)。该石质地坚硬,多呈淡灰色,其纹理细致缜密,断面木质纹、枝丫、树结等清晰可辨。

树化石质地极硬脆,线条刚劲有力,色泽为黄褐色、灰褐色,特别宜于表现岩壁高峻、雄伟的山体。树化石以其豪华的质地、古朴的外形、庞大的材料、古老的历史以及历尽沧桑、处变不惊、临危不惧等特殊含义,使传统审美与独特寓意融为一体。

图 2-82　树化石 1

图 2-83　树化石 2

（4）锰矿石。

锰在自然界分布很广,几乎各种矿石及硅酸盐的岩石中均含有锰。锰矿石深褐色至黑色,质坚,吸水性差,表面有直纹,峰棱挺秀(见图2-84和图2-85)。可稍事雕琢,主要靠选石拼接造型,宜于表现幽深的峡谷和挺拔的山峰。

图 2-84　锰矿石 1

图 2-85　锰矿石 2

2.2　曲纹石

此类石种外表曲线优美、纹理变化丰富,为盆景中的理想硬石。

（1）英石。

英石又称英德石,是一种经远古地壳运动,裸露地面,经常年日晒雨淋、长期风化,自然剥落破裂而成的石灰岩石,具有"皱、瘦、漏、透"的特点,极具观赏和收藏价值,是中国四大园林名石之一。石体一般正反面区别较明显,正面凹凸多变,背面平坦无奇。常见黑色、青灰色,以黝黑如漆为佳,石块常间杂白色方解石条纹。

英石大的可砌积成园、庭之一山景,小的可制作成山水盆景置于案几,具有很高的观赏和收藏价值(见图2-86和图2-87)。

图2-86 英石1

图2-87 英石2

(2)宣石。

宣石又称宣城石,内含大量白色显晶质石英,颜色洁白,与雪花相近。山石迎光发亮,具有雪的质感;背光则皑皑露白,似蒙残雪。颜色有白、黄、灰黑等,以色白如玉为主。稍带锈黄色;多呈结晶状,稍有光泽,石表面棱角非常明显,有沟纹,皱纹细致多变。宣石大多有泥土积渍,须用刷洗净,才显示出洁白的石质,故越旧越白。

宣石体态古朴,以山形见长,又间以杂色,貌如积雪覆于石上;最适宜作表现雪景的假山,也可作盆景的配石(见图2-88和图2-89)。古时宣石多用于制作园林山景或山水盆景,少量作为清供观赏,现产出无几。

图2-88 宣石1

图2-89 宣石2

(3) 龟纹石。

龟纹石又称风化石,由各种碎石聚合而成,色彩相杂,沟纹纵横,因它的裂纹纵横呈龟背状,雄奇险峻,酷肖名山而著名。石质坚硬,颜色灰白、深灰或褐黄,石面纹理饱满,龟裂清晰(见图2-90)。

竖层结构的龟纹石陡峭峻拔,多呈群山险崖、奇峰伟岩、擎天石柱等造型;横层结构的龟纹石则沟壑纵横、透迤连绵,意韵悠长。龟纹石可配上底座欣赏其自然形态,也可制成不同风格的山水、树石盆景,颇为赏心悦目(见图2-91和图2-92)。

图 2-90　龟纹石

图 2-91　龟纹石盆景1

(4) 钟乳石。

钟乳石是指碳酸盐岩地区洞穴内在漫长地质历史中和特定地质条件下形成的石钟乳、石笋、石柱等不同形态的碳酸钙淀积物的总称(见图2-93)。钟乳石的质地十分坚硬,而且还稍有吸水性,在形态上比较浑圆,多为山峰形状,有独峰的,也有群山形态的。钟乳石一般不适合进行加工,上面也难以生长植物,在山水盆景中,钟乳石多用于制作各种险峰。

图 2-92　龟纹石盆景2

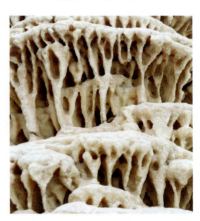

图 2-93　钟乳石

(5) 砂片石。

砂片石是河床下面的砂岩经过长期流水冲刷、侵蚀而形成。砂片石虽属硬质石料,但能够吸水,可生长青苔,还可进行一定程度的雕凿加工。其具有深浅不同的沟、槽、凹、凸,或石内呈长方形洞道,表面纹理以直线为多。砂片石峰棱挺秀,表现力丰富,可用于峰、崖、峦、峡、涧、岛屿等自然景观的造型(见图2-94和图2-95)。

图 2-94 砂片石

图 2-95 砂片石盆景

(6)灵璧石。

灵璧石是石灰岩的一种,质地细腻温润,滑如凝脂,石纹褶皱缠结、肌理缜密,石表起伏跌宕、沟壑交错,造型粗犷峥嵘、气韵苍古(见图 2-96 和图 2-97)。

灵璧石由于地壳的不断运动变化,又经过亿万年的水土中弱酸性水质的溶蚀和内应力、外应力的自然雕凿、去软留精,形成了"三奇、五怪"。"三奇"即色奇、声奇、质奇,"五怪"即瘦、透、漏、皱、丑。

图 2-96 灵璧石

图 2-97 灵璧石盆景

(7)千层石。

千层石又称积层岩,属于海相沉积的结晶白云岩(见图 2-98),石质坚硬致密,外表有很薄的风化层,比较软;石上纹理清晰,多呈凹凸、平直状,具有一定的韵律,线条流畅,时有波折、起伏。颜色呈灰黑、灰白、灰、棕相间,其棕色稍突显,色泽与纹理比较协调,显得自然、光洁;造型奇特,变化多端,多有山形、台洞形等自然景观,亦有宝塔形、立柱形及人物、动物等形象,既有具象又有抽象,神韵秀丽静美、淡雅端庄。

中国名石

图 2-98　千层石

以此石叠制的假山,纹理古朴、雄浑自然,易表现出陡峭、险峻、飞扬的意境,给观赏者以高山流水、归游自然的欣悦(见图 2-99)。

(8)砂姜石。

砂姜石是化学沉积物。质硬,也能吸水,常见棕色、褐色、土黄。外形多呈圆球形、扁豆形,也有呈板块形、弯月形、树枝形及植物生姜形(见图 2-100),尤其是在黄土中常有似人形的砂姜石,俗称"姜结人"。砂姜石较小,适合做小型微盆景。

图 2-99　千层石造景　　　　　　　　图 2-100　砂姜石

太湖石

(9)太湖石。

太湖石又称窟窿石、假山石,是由石灰岩遭到长时间侵蚀后慢慢形成的,分为水石和干石两种,形状各异,姿态万千。通灵剔透的太湖石,最能体现"皱、漏、瘦、透"之美(见图 2-101 和图 2-102)。其色泽以白石为多,少有青黑石、黄石。太湖石为典型的传统供石之一,以造型取胜,多玲珑剔透、重峦叠嶂之姿,宜作园林石等。

(10)崂山石。

崂山石又称崂山绿石、崂山绿玉,已有数百年赏玩历史,是中国主要观赏石种之一。崂山石质地细密,晶莹润泽,有一定的透明度。其色彩绚丽,以绿色为基调,有墨绿、翠绿、灰绿,以翠绿为上品。石质一般较为坚硬、细密,加工后既圆且润。主要观赏其色彩、结晶和纹理,可陈设于厅堂、几案欣赏(见图 2-103 和图 2-104)。更难得的是,崂山绿石略经琢磨,即可出现玉石的光泽,晶莹美润,而且石质软硬适度,便于加工,实为山石盆景观赏石中之佼佼者。

图 2-101　太湖石

图 2-102　太湖石盆景

图 2-103　崂山石 1

图 2-104　崂山石 2

(11)菊花石。

菊花石中的"花"孕育于几百万年以前,因地质运动而自然形成于岩石中,其花形酷似异彩纷呈的秋菊,花呈乳白色,且纹理清晰,界线分明,神态逼真,玉洁晶莹。因石头中蕴含的红柱石晶体酷似菊花而得名,又被称为"会唱歌的石头"。菊花石的质地坚硬,外表呈青灰色,里面有天然形成的白色菊花形结晶体,看上去很像自然界的菊花(见图 2-105 和图 2-106)。

图 2-105　菊花石 1

图 2-106　菊花石 2

序号	实 施 内 容
1	判断下列图片中属于太湖石的是（　　）。 A　　B C　　D
2	请列举一些你所知道的其他石材。
3	收集 3 首与石头有关的诗句，并分享。
4	收集 2 首描写盆景的诗词，并分享。

项目二　盆景的工具与材料

任务评价单

任务分组			
班级		组号	
组长		学号	
组员	姓名	学号	任务分工

评价环节		评价内容	评价方式	分值	得分
课前	课前学习	线上学习	教学平台(100%)	10	
	课前任务	实践学习	教师评价(100%)	5	
课中	课堂表现	课堂投入情况	教师评价(100%)	10	
	课堂任务	任务完成情况	教师评价(40%)	20	
			组间评价(40%)	20	
			组内互评(20%)	10	
	团队合作	配合度、凝聚力	自评(50%)	5	
			互评(50%)	5	
课后	项目实训	整体完成情况	教师评价(100%)	15	
合计				100	

任务四　盆钵的选择

任务要求	
任务内容	本任务主要介绍盆钵的作用、类型以及盆钵的选择,让学生在接下来的盆景制作中可以合理地选择盆钵。

续表

	任 务 要 求
知识目标	掌握盆钵的作用； 掌握盆钵的类型； 了解盆钵的选择。
能力目标	能准确地区分不同种类的盆钵； 能准确地针对不同的盆景选择盆钵。
素质目标	培养专注、严谨的思维方式； 培养正确的价值观。

1. 盆钵的作用

盆钵作为盆景不可或缺的组成部分，具有十分重要的作用。它不光为盆景里的植物提供了生活的场所，而且本身就是一件艺术品，具有很高的欣赏价值。

在给盆景造型时，为了取得比例、构图的和谐关系，花盆的形状与盆景密不可分。不适合的花盆不但不能体现主题效果，还可能"适得其反"，破坏盆景的比例以及构图效果。盆与盆景的和谐，对意境与构图是相当重要的（见图2-107和图2-108）。

图2-107　盆景1

图2-108　盆景2

2. 盆钵的类型

现在花盆的款式繁多，色泽多样，质地也是非常丰富的。常见的盆钵有紫砂盆、陶盆、瓷盆、水泥盆等。

2.1　紫砂盆

紫砂盆主要是以宜兴一带一种特有的黏土为材料，经过烧制加工而成的各种各样的花盆。其质地细密、坚韧，物理性能良好，排水透气性好，非常适宜树木花卉生长。其色泽古朴沉静,造型大方多样,与盆栽花木相辅相成,极富民族特色,加之制作缜密精巧,可以说艺术价值和实用价值兼备,为其他类型的盆钵所不及。

紫砂花盆之美,在其独特的装饰手段。历代能工巧匠,通过自己精湛的技艺,将盆色、形制、款识、题铭、书画、雕刻等诸艺共融于一体,使紫砂花盆在淳朴中见妍美,给人以视觉的享受(见图2-109和图2-110)。

图 2-109 紫砂盆 1

图 2-110 紫砂盆 2

2.2 陶盆

陶盆是用陶土(黏土)制作的盆状器皿,其材质较为广泛,黄泥、红泥经过简单的开挖、精选,制作成坯,通过烧制,硬化以后就可以成为花盆。此盆外形美观雅致,不褪色,不变形,保水性好,美中不足的是透气性略差。

陶盆的风格较为朴素、粗犷,适合搭配一些颜色较深、较艳的植物(见图 2-111 和图 2-112)。

图 2-111 陶盆 1

图 2-112 陶盆 2

2.3 瓷盆

瓷盆是高岭土,经过精选,煅烧而成的。其质地细腻、坚硬,看起来更加干净。瓷盆滋润华贵,薄而灵巧,但是透气性较差,比较适合做套盆或者花果类树桩用盆(见图 2-113)。

2.4 水泥盆

水泥盆制作相对简单,只要有模具,用水泥并加入一定量的益胶泥,通过模具的定型,就可以制作成各种样式、规格的花盆。水泥盆可以根据与盆景的搭配,自行刷上各种颜色的漆。

水泥盆透气、透水性也相当不错,价格低廉,制作简单,是一种常用的花盆,适合桩景植物生长养护之用,不宜直接陈设(见图2-114)。

图 2-113 瓷盆

图 2-114 水泥盆

2.5 塑料盆

塑料花盆是一种用塑料制作的花盆,价格低,实用性高;质地轻,携带方便;不易破碎,比较耐用;容易清洗。不过它也有缺点:渗水、透水性都比较差,而且环保性不好(见图2-115)。

3. 盆钵的选择

盆钵的选择相对有讲究,根据盆景的不同桩型、桩的大小,搭配不同的盆钵。既要有审美角度的提升,还要不影响植物的健康生长。"盆景"在整个构图中以景为"主"而盆为"宾",主宾之分,要分工明确,不可以"宾谦,主傲",也不可以"喧宾夺主"。盆钵与盆景,无论在颜色上、体积上,都要处理好"平衡",保持主客的关系,处理要协调自然。

图 2-115 塑料盆

3.1 色彩协调

盆与景的色彩既要有对比,又要相互协调。一般来说,盆应该选择素雅点的,可以起衬托作用,防止花盆喧宾夺主。山水盆景可采用白色花盆,不要与山石的颜色相同即可(见图2-116);树木盆景根据主干选择深一点的(见图2-117);花果类用彩釉陶盆;松柏类盆景用紫砂盆。

3.2 款式吻合

盆的形状要与整体的形态协调。树木盆景姿态曲折,盆的轮廓以曲线为主,如圆形、椭圆形(见图2-118);树木盆景较挺拔的,盆的线条要刚直,如菱形、四方形。

山水盆景一般采用长方形,可以狭长一点。山石盆景,选择宽盆,高远式的山景选择狭长的浅盆。

项目二　盆景的工具与材料

图 2-116　山水盆景

图 2-117　树木盆景

3.3　深浅得当

树木盆景用盆过深，会使树木在盆中显得过于矮小；但主干粗壮的树木用盆过浅，树木生长不良，难以栽种（见图 2-119）。

图 2-118　观赏树姿为主的盆栽

图 2-119　盆景3

3.4　大小适度

盆的大小要与景观相适应。过大过小都不可以，用盆过大，显得盆景过于宽阔，导致植株徒长；用盆过小，使盆景看起来头重脚轻，缺乏稳定感（见图 2-120）。

· 69 ·

图 2-120　盆景 4

序号	实 施 内 容
1	家里院子里要做一个松柏类的盆景，植株较大，请问应该选择下面哪一个盆钵？（　　　） A　　B　　C　　D
2	请列举几种盆钵，并简述它们适合栽植什么样的盆景植物。
3	请简述在制作盆景时，盆钵的选择材质和大小哪个更重要。

项目二　盆景的工具与材料

任务评价单

任务分组			
班级		组号	
组长		学号	
组员	姓名	学号	任务分工

评价环节		评价内容	评价方式	分值	得分
课前	课前学习	线上学习	教学平台(100%)	10	
	课前任务	实践学习	教师评价(100%)	5	
课中	课堂表现	课堂投入情况	教师评价(100%)	10	
	课堂任务	任务完成情况	教师评价(40%)	20	
			组间评价(40%)	20	
			组内互评(20%)	10	
	团队合作	配合度、凝聚力	自评(50%)	5	
			互评(50%)	5	
课后	项目实训	整体完成情况	教师评价(100%)	15	
合计				100	

任务五　几架的选择

任务清单

任务要求	
任务内容	本任务主要介绍几架的概念、类型以及几架的选择，让学生在制作盆景时能合理地选择几架。

续表

任 务 要 求	
知识目标	掌握几架的概念； 掌握几架的类型； 了解几架的选择。
能力目标	能准确地区分各种几架； 能在制作盆景时合理地选择几架。
素质目标	培养文化自信,提高盆景几架审美； 培养正确的价值观。

1. 几架的概念

几架又称几座,是用于陈设盆景的架子,它与盆钵、植物三者形成统一的艺术整体。中国传统盆景有讲究"一景、二盆、三几架"的审美程式,几架的造型形式及空间的大小,对增强盆景的欣赏效果是十分重要的,因此几架在盆景欣赏中起着不可缺少的作用。

2. 几架的类型

几架本身就是一种艺术品。它的造型、色彩、质量要求,都有讲究。几架必须与盆紧密配合,对画面起调节和烘托作用。

几架按材料分,有木质几架、天然树根几架、竹几架、石质几架、陶瓷几架以及无光铝合金、有机玻璃、胶木、水泥等材料制成的几架等。

2.1 木质几架

木质几架(见图2-121和图2-122)一般用硬木制成,有红木、黄杨、柚木等,其中以紫檀、黄杨等质量最佳,纹理较清晰。红木色泽古朴庄重,历来受到重视和欢迎。

木质几架分落地式和案头式两种。落地式一般较高,直接在地上安置。案头式几架则较为矮小,便于安置在桌台上。

2.2 竹质几架

竹质几架(见图2-123和图2-124)一般多用斑竹或紫竹做成,也可用普通竹类制作,可涂清漆。此类几架轻巧淡雅,方便移动。

2.3 树根几架

树根几架(见图2-125和图2-126),一般常用山野枯死的树根、根墩,去掉无用的枝和根,保留弯曲和古朽部位,进行干燥、去皮、防腐、防虫、雕刻、着色、上漆等处理。可以单根制作,也可多个拼接胶合。制作成各种样式,有自然之感。也有用名木雕刻成树根几架形状的。

项目二　盆景的工具与材料

图 2-121　红木几架

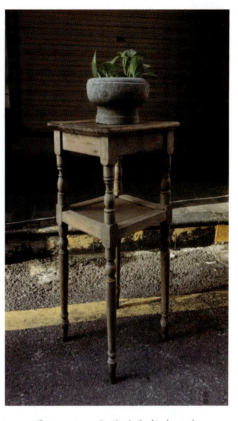

图 2-122　民国时期柚木几架

图 2-123　竹质几架 1

图 2-124　竹质几架 2

图 2-125 树根几架

图 2-126 黄杨树根几架

2.4 水泥几架

水泥几架(见图 2-127)是用水泥浇制而成的一种几架,可以是普通水泥,也可以是白色水泥,呈灰色或白色。也可加颜料,配制成褐色、紫褐或其他色彩。几架多为大型,以便放置大型盆景或一架几个中小型盆景。亦可制成博古架或与窗结合制成窗式架等。架的形式可以自由,一般要与所处环境协调。最普通的一种,两个水泥支撑(砖砌),上面铺盖一块长条水泥板。

图 2-127 水泥几架

2.5 陶瓷几架

陶瓷几架是用陶土烧制而成,有紫砂陶质几架和釉陶几架。此种形式可用于室内陈设,

也可在室外布置。形式各色各样,且带有陶瓷艺术品的成分。色彩多用紫黑色、墨色。此架的特点是古朴典雅、浑厚大方。

2.6 其他几架

其他几架有:用塑料制成的几架,色彩明净,酷似红木;用松木、杉木枝干拼接而成的几架,自然气息很浓,而又古朴大方;也有用角铁焊接而成的钢质几架,可涂以适当颜色的油漆,可陈设大、中、小型盆景,造型线条流畅,常富有现代气息;还有用石块拼搭而成的几架,更富自然野趣。

3. 几架的选择

在几架的选配上,要充分配合盆与景的造型格调。一般观花观果的盆景,可选用较轻、颜色较深的几架;姿态柔美的观叶盆景,应选配稳重、色深、粗线条的几架,配四角长方几;微型盆景一类,要求造型精巧别致,才能显示微型盆景独特的艺术效果,有博古架、书卷架、花瓶架等。

序号	实施内容
1	判断下列图片中属于木质几架的是(　　)。 A　B　C　D
2	总结一下木质几架有哪些种类,分别有什么优点。
3	收集一些有特色的几架照片。

任务评价单

任务分组			
班级		组号	
组长		学号	
组员	姓名	学号	任务分工

评价环节		评价内容	评价方式	分值	得分
课前	课前学习	线上学习	教学平台(100%)	10	
	课前任务	实践学习	教师评价(100%)	5	
课中	课堂表现	课堂投入情况	教师评价(100%)	10	
	课堂任务	任务完成情况	教师评价(40%)	20	
			组间评价(40%)	20	
			组内互评(20%)	10	
	团队合作	配合度、凝聚力	自评(50%)	5	
			互评(50%)	5	
课后	项目实训	整体完成情况	教师评价(100%)	15	
合计				100	

任务六　配件的选取

任务要求	
任务内容	本任务主要介绍盆景配件的定义、种类。

项目二　盆景的工具与材料

续表

任务要求	
知识目标	掌握盆景配件的概念； 了解盆景配件的种类； 了解盆景配件的选择。
能力目标	能够在盆景制作时合理地添加配件，提高盆景的美感。
素质目标	培养文化自信，提高盆景配件审美； 培养正确的价值观。

1. 盆景配件的概念

盆景的配件又称作摆件，是指在盆景中起陪衬作用的模型，比如亭子、桥梁、小船、人物以及飞禽走兽等，种类繁多，形式多样。

2. 盆景配件的种类

盆景配件繁多，根据种类分，可大致分为人物类、动物类、建筑类；根据材质分类，可以分为陶瓷质、石质、金属等。

2.1　陶瓷质配件

陶瓷质配件是指用特殊陶瓷材料经过混料、成型、烧结等加工工序制成的机械零部件（见图2-128）。此种材料具有诸多金属材料所不具备的性能，如：高强度、高硬度、耐高温、耐磨损等。

通常利用陶质的人物、亭舍、牛马等小配件及苍苔来点缀、烘托山石、树木的高大、挺拔（见图2-129）。

图2-128　陶瓷配件

图2-129　盆景赏析

2.2　石质配件

石质配件一般较多地使用青田石作为材料雕琢而成。石质配件由山石加工而成，很容易与山景相互协调,但有时略显粗糙(见图2-130)。

2.3 金属配件

金属配件一般用容易熔化的金属浇铸而成,外面涂上不同的颜色,非常耐用(见图2-131),还可以大规模生产,但是由于金属材料的缘故,不容易和盆景中的景致相搭配,所以多用于软质石料着苔的盆景。

图 2-130　石质配件

图 2-131　铅艺配件

2.4 其他配件

其他配件有木头、砖块、蜡等制成的配件,这些配件如果搭配得当、制作精细,也会为盆景的效果锦上添花(见图2-132和图2-133)。

图 2-132　木头配件

图 2-133　象牙配件

任务实施

序号	实施内容
1	请简述在制作盆景时,该如何合理选择配件。
2	请简述盆景的配件根据质地分有哪几种,各有什么特点。
3	请列举一些你还知道的盆景配件。

任务分组			
班级		组号	
组长		学号	
组员	姓名	学号	任务分工

评价环节		评价内容	评价方式	分值	得分
课前	课前学习	线上学习	教学平台(100%)	10	
	课前任务	实践学习	教师评价(100%)	5	
课中	课堂表现	课堂投入情况	教师评价(100%)	10	
	课堂任务	任务完成情况	教师评价(40%)	20	
			组间评价(40%)	20	
			组内互评(20%)	10	
	团队合作	配合度、凝聚力	自评(50%)	5	
			互评(50%)	5	
课后	项目实训	整体完成情况	教师评价(100%)	15	
合计				100	

项目三　树木盆景的制作

任务一　树桩的来源

任务要求	
任务内容	本任务主要介绍树木盆景中树桩材料繁育技术、采购、采挖和盆景中常用树木特性。
知识目标	掌握树木盆景中树桩材料繁育技术； 了解盆景中树桩材料的三种来源； 了解盆景中常用树木特性。
能力目标	能掌握盆景中树桩材料繁殖技术； 能掌握各类盆景中树木特性。
素质目标	培养文化自信，提高学生对树木盆景中树木特性的认知； 培养学生的劳动价值观。

树木盆景是指以木本植物为主，表现树木景观的盆景。这类盆景因多以老树桩为主要材料及主景，俗称桩景。为便于国际交流及系统分类的统一，我们统称为树木盆景。

盆景中树桩的来源主要有3条途径：采掘、繁殖和购买。

1. 采掘

到山野郊外去采掘盆景材料，要注意掌握好采掘的时间、地点、树种要求、采掘方法和运输技巧。

（1）采掘时间。

我国地域广阔，南北气候温差很大，材料特性也有所区别，其采掘时间不能硬性规定，一般在每年二月初或树木即将萌芽前采掘最佳。

（2）挖掘地点。

茂林沃土，难觅好桩，择取山野古道、荒山瘠地、悬崖峭壁、风口残垣、涧边峰顶等环境险恶地带，往往能寻到上好桩材。

（3）树种要求。

传统树种当然可以，如有尚未开发、发现的新树种也未尝不可，总体要求所选用的树种应具备叶小、革质、枝短节密、萌芽率高、适应性强等品质。

(4)采掘方法。

先对选定的树木进行观察,然后粗剪,再从根的四周挖掘,注意尽可能不伤到树的表皮与须根,并带土包扎(见图3-1)。另外,也可分期采挖,即今年粗剪并先截主根,将土重新填上(留下记号),待次年采掘,此法对于成活率低的树种尤为奏效。但应注意,对于国家法律法规及相关部门所规定的保护树种、禁挖区域,不可擅自为之。

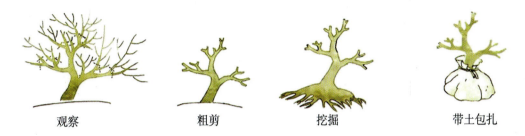

图 3-1　树桩的采掘

(5)快运速栽。

采挖的树木应迅速运回修整栽培。途中可以用塑料膜或其他柔软物包装捆扎,以防风吹日晒使树种脱水而影响成活;还可以根据不同树种的特性,适量喷水保湿。

2. 繁殖

繁殖是利用植物的生理特性,通过人为技术获得树木盆景的制作材料。此方法不仅有利于保护自然生态,而且是盆景产业化发展的有效方法。

2.1　播种

利用种子繁殖,如松、柏、榕树等,其播种时间多在春、秋两季。优点是成本低廉,并可获取大量苗木,也便于造型。但长势慢的树种会延长成型时间且难有天然野桩的老态。

2.2　扦插

利用树木的枝、根进行繁殖(见图3-2)。凡适应性强、易生根的树种均可采用扦插繁殖,如榆、榕、黄杨、六月雪、福建茶等。这些树种不仅取材方便、方法简易、成型快捷,而且可获得上好材料,微、小型盆景常用此法。以选择1~2年生无病虫害枝条为佳,长短曲直根据造型需要而定,下端斜剪(注意不要头尾倒置),是否带叶要根据树种特性要求分别处理。若是根插,以上端露出土面2厘米为好。春秋两季均可进行扦插。

图 3-2　树种的扦插繁殖

2.3 分株

分株是将由植物母体根茎萌发的新株切开,成为独立的新植株(见图3-3)。其操作简单易行,成活率高,春秋两季采用此法为佳,若处理得当,一年四季均可进行。

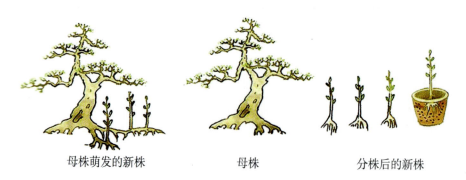

母株萌发的新株　　　　　　母株　　　　　　分株后的新株

图 3-3　树种的分株繁殖

2.4 压条

压条是将植物母体上靠近根部的枝条压入盆土中,待枝条生根并萌出新株后切离母体,形成独立的新植株(见图3-4)。春秋两季均可进行压条繁殖。但应特别注意保持盆土湿度,以促进压条生根成活。

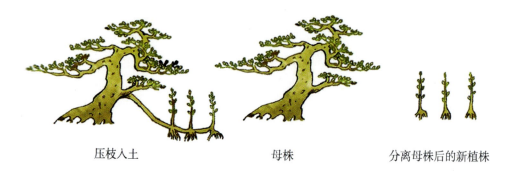

压枝入土　　　　　　母株　　　　　　分离母株后的新植株

图 3-4　树种的压条繁殖

高压法,又称空中压条法,选高处生长的枝条将其割伤剥皮后,在伤口处包覆水苔,等伤口处发根成为新株(见图3-5)。

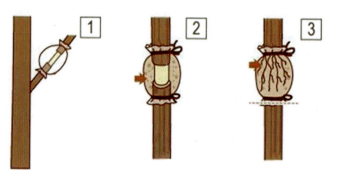

图 3-5　高压法
1.环剥;2.用水苔包裹;3.生根后剪下

高压法实例

2.5 嫁接

嫁接是将植物枝、芽（称为接穗）的某一部分接到另一植物的枝干（称为砧木）上，使其愈合生长成为一个新植株的繁殖技术（见图3-6）。此方法不仅可保持原植株的优势，还可获得其他优良品种。但在嫁接过程中要注意与之相关的几个因素。

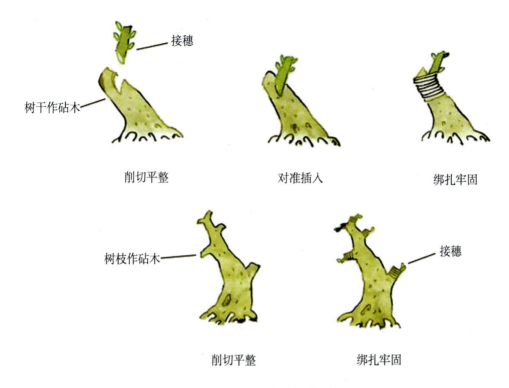

图3-6 树种的嫁接繁殖

(1) 亲和性。

一般选用同科且亲缘最近的植物相接，如小叶榆与大叶榆、紫薇与银薇、红花檵木与白花檵木、五针松与黑松等。

(2) 嫁接时间。

一般以春分前后为宜，还可因各地气候及树性不同而有所差别。适宜嫁接的时间、季节以接穗和砧木休眠过后开始萌动之时为佳。

(3) 接穗和砧木。

接穗应选取健壮枝条的中间段，砧木选无病虫害的树干或枝条为好。

(4) 技术要求。

接穗与砧木的接触面要削切平整、光滑，并对准形成层，再用塑料带绑扎牢固。可以用树干作砧木，也可以用树枝作砧木。

(5) 接后管理。

留心观察接穗抽芽，谨防病虫害，并及时将砧木所萌发的芽抹掉，以保证砧木的营养直接供给接穗，促进成活。到两厢皮层基本愈合后，即可解开包扎物，细心养护；待接穗粗壮后逐步对接穗与砧木连接处进行加工，使之过渡自然（见图3-7）。

去掉虚线外多余部分

图 3-7　嫁接后的加工

嫁接的方法还有很多,如靠接、劈接、腹接、芽接等。

3. 购买

到市场选购桩材,应注意观察影响其成活的几个因素。

(1) 根部。

桩材成活与否,根部为首要,尤其是须根,因为植物的生长主要靠须根吸收营养和水分,没有须根或须根很少的桩材一般成活率低,反之成活率高(见图 3-8)。

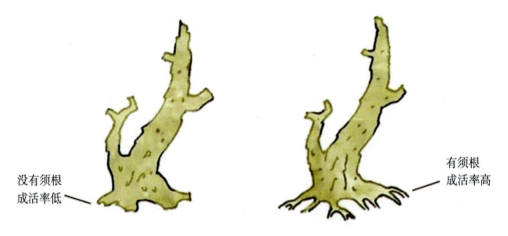

图 3-8　选购桩材要注意须根的发达程度

(2) 色泽。

观察根、枝、干或叶片是否饱满色正,若枝、干、根表皮收缩,叶片卷涩,色泽不正,说明植株被挖掘时间较长,失水过多,或保管不善,成活率低。

(3) 伤痕。

注意观察枝、干、根皮层的损伤程度,因为植物的营养、水分是靠皮层输送的,若皮层损伤严重,"水线"受阻,就会影响成活(见图 3-9)。

图 3-9　选购桩材要注意皮层损伤程度

(4) 宿土。

宿土指附在树根上的山土，土块留得越多，说明根部越趋完好，成活率越高。

4. 选材

选材是指根据自己的需要对桩材进行品别选用，去留取舍。无论是对何种来源方式的材料，都应讲究这个问题。

4.1　规　格

明确树木盆景规格，比如微型盆景树高 10 厘米以下，小型盆景树高 10～40 厘米，中型盆景树高 40～80 厘米，大型盆景树高 80～120 厘米，树高 120 厘米以上的为超大型（巨型）盆景。家居盆景、产业盆景以微、小、中型为佳，而盆景园则应有大、巨型盆景。总体上都要把握规格，所以在选取桩材时应预计盆景成型时的高度和飘长。

盆景常用树木
特性一览表

4.2　形　态

树桩形态为盆景制作的关键所在，可选取古朴苍劲、棱节嶙峋、由粗渐细、过渡自然的树干桩材（见图 3-10），或择取怪异奇特、疙瘩瘤状、违背"自然"、野趣怪诞、具有象形意味的树干桩材。

图 3-10　上细下粗过渡自然

任务实施

序号	实 施 内 容
1	人工育桩的方法有哪几种？如何操作？
2	分组讨论发展盆景苗圃的重要性。
3	讨论高空压条繁殖树桩的要点。

任 务 分 组			
班级		组号	
组长		学号	
组员	姓名	学号	任务分工

评价环节		评价内容	评价方式	分值	得分
课前	课前学习	线上学习	教学平台(100%)	10	
	课前任务	实践学习	教师评价(100%)	5	
课中	课堂表现	课堂投入情况	教师评价(100%)	10	
	课堂任务	任务完成情况	教师评价(40%)	20	
			组间评价(40%)	20	
			组内互评(20%)	10	
	团队合作	配合度、凝聚力	自评(50%)	5	
			互评(50%)	5	
课后	项目实训	整体完成情况	教师评价(100%)	15	
合计				100	

任务二　树木盆景的设计

任　务　要　求	
任务内容	盆景艺术作品创作之前的构思设计导向是非常重要的，制作者需要根据树种材料的特点和形态，加以反复观察琢磨，来决定造型式样及其所表达的构思意向，做到"因材制宜，扬长避短"地进行树型基本总体构想，在脑海中绘出蓝图，或在纸上画出设计构图，形成一个较完整的艺术思路，"师法自然"而又胜于自然。通过对树木细致的观察，根据设计蓝本对原始树木进行剪裁加工，并运用艺术的强化、变形、夸张等技巧，使树木盆景达到虽是人工创作却"野趣天成"的艺术美感。
知识目标	了解树木盆景设计的要点； 掌握树木盆景设计的途径。
能力目标	会根据不同的材料特点进行盆景设计。
素质目标	1.培养学生对知识点的提炼与归纳总结的能力； 2.培养学生的观察能力、分析能力、沟通能力，养成独立思考、积极探究的品质。

1. 设计内容

1.1 平面布局

布局是指树桩在盆面排列的位置及其相互间的关系，它是一种艺术表现的技巧，是为诗、情、画、意服务的。树桩平面栽植位置，必须使盆与树姿配合得当，两者协调。

(1)单株树木盆景。

①中心式布局：树桩栽植在盆面的中心位置，但不宜栽在正中，以免过于死板，可稍偏中心线栽植，一般多选用圆形盆或方形盆，表现直干式独景景观(见图3-11)。

②偏侧式布局：栽种树桩时使其偏向一侧的1/3或2/3处。一般多选用长方形或椭圆形盆，表现卧干式、斜干式、多干式及附石式等景观(见图3-12)。

(2)双株树木盆景。

勿使主干与副干平面并列，副干宜稍向后(见图3-13)。

(3)多株树木盆景。

多株树木栽植时，树木的大小、姿态都要有对比和差异，忌同在一条直线上，也忌等边三角形栽植。三株同一树种，但大小、高低、树姿都不同，三株中最大的1号与最小的3号靠近为第一组，三株不在同一条直线上，不成等边三角形(见图3-14)。

图 3-11　郑志林　黄山松

图 3-12　韩学年《松之魂》

图 3-13　双株树木盆景平面示意图

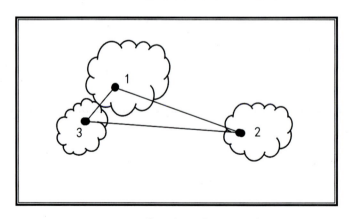

图 3-14　三株树木盆景平面示意图

　　四株树木栽植在一起,不等边四边形基本类型之一,其中三株靠近,1、2、3 为第一组,4 远离一些,构成第二组,如图 3-15 所示。

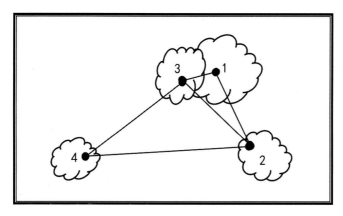

图 3-15　四株树木盆景平面示意图

不等边五边形,分为三株一单元、两株一单元,每个单元均有两种树,最大一株在三株的单元,如图 3-16 所示。

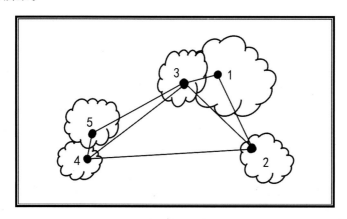

图 3-16　五株树木盆景平面示意图

1.2　主干设计

树木盆景干形多样,主干的延伸及其生长方向、角度决定了树势的特征。如:直干伟岸,顶天立地;斜干灵气,潇洒飘逸;曲干流动,逶迤升腾;卧干怡然,藏龙卧虎;悬崖跌宕,飞渡天险。

1.2.1　单干式

单干式是自然界树木风景的特写,只一株树木,其树形多姿多态,如制作培育得法,可达到以少胜多、以姿取胜的效果,可分为直干、斜干、曲干、卧干、悬崖、临水等形态。

(1)直干式。

主干直立,伟岸挺拔、端庄稳重。这种造型寓意奋发向上、欣欣向荣、坚强高节,是森林中的树木写照,成景后保持挺拔有力、葱翠浓郁、层次分明。可选择根盘完美,隆基粗犷直立,树干粗细适中,树干侧面布满树枝的树木造型。可选用五针松、柏、罗汉松、榆、杉、金钱松、九里香等树木材料。

(2)斜干式。

主干左斜或右斜,但不卧倒,重心偏离干基,犹如横空出世,洒脱飘逸。根头部必须有与干身相反方向的强力拖根,起"四两拨千斤"的稳定作用,这是斜干造型特有的个性。塑造时

要注意枝的配置与角度要和干的倾斜幅度取得平衡,特别需要注意的是干虽为斜干,树芯仍应上扬。

(3)曲干式。

主干虬曲苍劲,逶迤升腾,富有动感。表现在外力作用下,树木干体受伤变形,或生长环境恶劣致树木产生变异现象;此种形式有一种特有的自然苍古韵味。造型时树木的根盘最好向四面延伸,若一面根盘发达,可稍加倾斜种植。弯曲时应注意前后左右的弯曲,弯曲幅度、距离应有节奏变化,愈近根部,弯曲愈明显,近树芯处弯曲幅度小。常用材料有五针松、黑松、六月雪、金钱松、榆等干体有韧性的树木品种。

(4)卧干式。

干身水平横卧盆面,干梢、枝叶上扬。表现自然界中的一些树木由于受大风吹袭,干身横卧地面,部分树根穿露,原有的卧地的部分横干枯死,而向上的枝干和顶梢却顺应天时,努力拼死求生,最后形成特殊的卧干树相。卧干树造型的最大特点是近根头部的一段干(约全干的1/2或1/3)横卧地面或穹卧地面,而大部分树干却昂首上扬;交接处最好呈软弧状,忌直角死曲。

(5)悬崖式。

悬崖式又称倒挂式,悬崖峭壁上树木长期受地心引力加上外力作用而向下倒悬。此种形式表现了奋发向上、逆境中拼搏的坚毅品格。悬崖式根据主干树梢下垂是否超过盆底而分为全悬崖和半悬崖。造型时干身弯曲下垂要有跌宕起伏,节律明显,立体空间变化强烈,忌软弯大弧、蛇形走动。枝托要分布合理,互不遮掩,枝端应稍上扬。由于植物的向阳性,当干身飘垂到一定的低位后,尾梢最后要追随阳光上翘,才合乎生长规律。可选用五针松、黑松、榆、雀梅、罗汉松等素材。

(6)临水式。

主干介于卧干与斜干之间,横斜跨越盆面,向盆外大幅度延伸,表现岸旁树木,根部向泥岸内伸展,外侧泥土流失,树木处于严重失重、逐渐向水面一侧倾斜的状态,显得飘逸潇洒、轻盈活泼。一般选用六月雪、柳杉、榆等造型,更易表现此种内容。

1.2.2 双干式

由双干组成,可以是一本双干,也可以由两株相同或两株各异并种在一盆内,但要注意两个干高矮、粗细、偃仰、曲直等要有适合之比例,要有均匀之变化,生动自然,内容上亦要协调呼应、相互烘托、突出盆景主题,以体现友谊、手足之情。双干式细分可分为大小干、高低干、正斜干、双斜干、双倒挂干和双临水干等。

双干的素材在树木选择时要注意:主干和副干的分枝点越低越好,分枝点的倾斜角度以锐角为好,主干和副干的粗细差距不可过于悬殊。勿使主干与副干平面并列,副干宜稍向后。

1.2.3 丛林式(多干式)

把三棵以上的树木合栽于一盆中,适于表现山野丛林之风姿,这是一种具有天然美和诗情画意的盆景制作手法,有一本多干和单干组合两种形式。

1.3 枝片布局

枝片布局就是桩景的片层处理。只有通过片层分布的艺术,才能使整个树形丰富、活跃起来,成为活的艺术。一般要先考虑片数,就是主枝留几枝,一般以奇数为多,片繁显示闹意,片简显示简洁。其次注意在制作时片层及片层间距要符合植物的自然生长规律,应下疏上密、下宽上窄,"太极推手",彼来此去。枝片方向有斜、平、垂。然后根据植物选择第一片的位置,拟作高耸型者,选留第一分枝宜高位(树高三分之一以上),高枝下垂,如醉翁欲仙,干貌清远,风范高逸;倘拟匍地型者,冠部压低,层层横出,气势溢出盆外;拟作宝塔型者,等腰三角形,分枝点宜选在干高三分之一以下处。

1.4 结顶处理

树桩的结顶因造型、取势、构图的不同而不同。成型后的桩高、左右展幅、结顶的形状这一切外在的形态效果都要服从创作主题,为主题和意境的表现服务。树桩的结顶不是单一的。从截桩后决定了作品的造型形式、创作主题开始,心目中就应确定作品的结顶形式。结顶有平、圆、斜、枯四种形式,平者端庄,圆者自然茂盛,斜者飞动,枯梢险峻(见图 3-17 至图 3-20)。

图 3-17 万瑞铭 黄杨《腾云》

图 3-18 樊顺利 五针松

图 3-19 刘传刚 博兰《将军风采》

图 3-20 海外盆景

1.5 露根处理

为了增加树桩盆景的艺术价值和欣赏情趣,对一般树根都要进行提根处理,使其基部显露一部分造型有力、稳健的根部在盆的表面,给人以苍古雄奇的审美意境。一株树桩盆景,不论是苍老虬枝的桩头,还是小巧玲珑的微型盆栽,干基盘根错节,才更显苍劲古朴、自然而奇特。露根处理可采用以下方法:

(1)松基露根法。

在平时的养护管理过程中,经常用小刀、竹签等物,撬松基部土壤,再结合浇水,冲去撬松的土壤,使根部自然露出。这种方法通常适用于制作直干式等树桩微露的盆景。

(2)堆土露根法。

对于干基部容易萌发不定根的树种,可在春天树木刚开始萌动时,用刀刻伤干基,并用湿润的培养土将其掩埋起来,促其萌发不定根。等新萌发的根木质化后,再除去土壤,并对根部进行造型处理。

(3)提根法。

每次换盆的时候,让原树适当抬高于盆面,逐次向上提根,而使新根向下深扎,并将提出的根系进行修剪造型,表现出一定的艺术魅力。

(4)套盆提根法。

在原植株的基础上,把原盆底部凿穿,套在另一个盛满疏松肥沃的培养土的盆上,盆号比原盆大一些,引导树根向新盆生长。以后再根据树木长势,逐步扒去原盆土壤,用清水冲去泥土,对裸露的根系进行加工造型。

(5)吊根露根法。

适用于榕树等具气生根的树种。将树体定植并形成树冠后,用塑料布或玻璃罩罩住树体,保持湿度,促其萌发气生根,引导其入土形成新根,可制成独木成林的丛林式盆景。

2. 设计过程

树木盆景的设计过程其实也就是进行立意构思的过程,前提是因材制宜,根据素材的树种及其自身的个性特点进行构思。通过扬长避短,充分发挥素材个性、优点,尽可能地制订出一个完美的构思方案,在造型前做到胸有成竹。构思时力求有新颖的创意,避免有过多的相似或雷同。

构思的主要内容是确定最好的观赏面:在素材的正斜仰俯中寻找最好的观赏角度,选择最好的盆景形式。然后考虑根、干、枝的取舍、调整和矫正,树冠和主干之间的最好结合及花盆的选择等总体上的布局构思。实际上这就是一个打腹稿的活动。我们也可以根据素材的具体情况,设计好多个方案,绘成图稿,进行比较选择,然后按图作业,避免出现重大的失误。

树木盆景的设计途径通常分因材立意和因意选材。因材立意,以形赋意,是根据树桩的个性、神态、特点来确定意境。野桩、枝干现成,天成地就,大局已定,只好在原形的基础上赋以意境,因材设计,略加改造。川派的"老妇梳妆"就是在老桩的基础上装饰美化而成

的。因意选材、意在笔先就是主题思想确定后选择合适的桩材来表现主题,如人工培育的苗木,主干细软,枝条细密丰满,一般情况下,宜于进行各种姿态的整形加工,就像一张白纸一样,可以随意勾画最新最美的图画。清代诗人兼画家方薰在《山静居画论》中说,"作画必先立意,以定位置,意奇则奇,意高则高,意远则远,意深则深,意古则古,庸则庸,俗则俗矣",正是这个道理。

3. 设计特点

盆景被称为无声的诗、立体的画,但盆景的设计有别于诗画,因为它们是有生命的艺术品,这就决定了盆景创作的连续性。盆景的生命过程就是盆景的连续创作过程。

盆景设计还具有可变性,一幅画作,创作一经完成,就不再变更。而盆景中的植物,岁序不同,四时多变。盆景作品在初步完成其立意、构图之后,作品的艺术价值还会发生很大变化,或因再加工、再创作而日臻完美;或者因为管理不善,观赏性降低,造型破坏,以至完全丧失其艺术价值。盆景作品的立意、构图,往往不是三五年所能完成的。

盆景的生命过程,随着春夏秋冬的交替变化而变化,所以具有时间性;同时,又因盆景体量较小,可人工控制环境条件,或加上修剪、摘叶、催延花期,以及其他手段,在夏季或表现冬景,冬季可表现春色等,可以创造特定的艺术时间,给人以特定的艺术感染。

任务实施

序号	实 施 内 容
1	盆钵选择: 形状:长方形☐ 椭圆形☐ 圆形☐ 正方形☐ 质地:紫砂盆☐ 釉陶盆☐ 石盆☐ 云盆☐ 其他( ) 深浅:深盆☐ 中深盆☐ 浅盆☐
2	素材选择: 树种( ) 株数:单株☐ 双株☐ 三株☐ 四株☐ 五株及以上☐
3	画出平面设计图。
4	主干设计: 曲干☐ 直干☐ 斜干☐ 卧干☐ 悬崖☐ 临水☐ 双干☐ 丛林☐
5	画出简单的枝片布局图。
6	拟采取的结顶方式为( )。
7	拟采取的提根方式为( )。

任务分组

班级		组号	
组长		学号	
组员	姓名	学号	任务分工

评价环节		评价内容	评价方式	分值	得分
课前	课前学习	线上学习	教学平台(100%)	10	
	课前任务	实践学习	教师评价(100%)	5	
课中	课堂表现	课堂投入情况	教师评价(100%)	10	
	课堂任务	任务完成情况	教师评价(40%)	20	
			组间评价(40%)	20	
			组内互评(20%)	10	
	团队合作	配合度、凝聚力	自评(50%)	5	
			互评(50%)	5	
课后	项目实训	整体完成情况	教师评价(100%)	15	
		合计		100	

任务三 蟠扎技艺

任务要求

任务内容	本任务主要介绍树木的蟠扎,通过对蟠扎用材和方法的讲解,让学生了解树木盆景造型中的蟠扎技艺。

续表

	任 务 要 求
知识目标	了解棕丝蟠扎方法； 掌握金属丝蟠扎方法； 了解粗干弯曲法。
能力目标	能通过用材和方法，准确区分棕丝蟠扎与金属丝蟠扎； 能熟练地掌握金属丝蟠扎方法。
素质目标	培养文化自信，提高对树木盆景造型中蟠扎技艺的认知； 培养正确的劳动价值观。

树木的蟠扎，是古老的园艺技术，既别致巧妙，又复杂多变，做法讲究，其技艺起源于何时尚未见考证。蟠扎因用材和方法不同，有棕丝蟠扎和金属丝蟠扎之分。

1. 棕丝蟠扎

传统的蟠扎，就是指棕丝蟠扎（见图3-21）。用金属丝蟠扎是近几十年才发展起来的。蟠扎应选用质柔、有弹性、粗细均匀、比较长的新棕丝。棕丝蟠扎的优点是：棕丝的色泽和很多植物树皮的色泽相似，痕迹不明显，蟠扎后即可观赏，而且具有成本低、不传热、不伤树木、易于解除等特点。现时扬州、苏州、成都等地，常用此法。

蟠扎技艺（微课）

在对较粗的树干进行蟠扎时，强行向下弯曲可能会造成折断，因此，可在枝条下方锯开一列切口，在蟠扎部位衬以麻筋，再用麻绳缠绕，加以保护（见图3-22）。因树干较粗，一次不能达到所需的弯曲度时，可分几次进行，使植株有一个逐渐适应的过程。第一次弯曲后，过10天左右再拉紧棕绳，加大弯曲度，依此类推。

图3-21 棕丝蟠扎

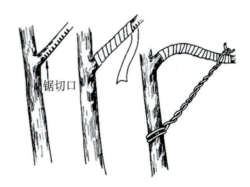

图3-22 粗树干蟠扎

2. 金属丝蟠扎

常用的金属丝有铁丝、铜丝、铅丝。铁丝在使用前应在火上烧一下，使之退火，硬度变低，容易弯曲；烧后放在地上，自然冷却，不要用水浇，否则铁丝会变硬。蟠扎前，先对树木进

行一次修剪,除去造型不需要的枝条,以便操作。用金属丝蟠扎,应注意以下几点:

(1)选择粗细适宜的金属丝。

金属丝的粗细,一般以蟠扎枝条基部粗细的1/3为好。过粗蟠扎不灵活,也不美观,还容易把枝条折断;过细则拉力不足,不能蟠扎成所需的弯曲度。

(2)固定好起点。

蟠扎时,起点固定的好坏及固定的方法是否适当,对蟠扎成功与否影响很大。若起点固定不牢,金属丝会在枝条上滑动,除弯曲力量减弱外,还会损伤活动部位的树皮。固定方法应根据被扎枝干的具体情况灵活掌握(见图3-23)。

图3-23 金属丝起点固定

(3)掌握好密度和方向。

把起点固定好之后,用拇指和食指把金属丝和枝干捏紧,使金属丝和枝干呈45度角,拉紧金属丝紧贴枝干的树皮徐徐缠绕;缠绕的密度要适当,过疏或过密,或疏密不均匀,蟠扎效果均不理想。同时,还要注意金属丝缠绕的方向,如欲使枝干向右弯曲,金属丝应顺时针方向缠绕;如向左弯曲,金属丝则逆时针方向缠绕(见图3-24)。

顺时针缠绕

逆时针缠绕

图3-24 金属丝缠绕

双丝缠绕

(4)双丝缠绕。

在蟠扎中如遇较粗枝条而手头又无粗细合适的金属丝时,可用双丝缠绕,以加强拉力。有时树干已用金属丝蟠扎,在树干上相近的两个枝条用另一根金属丝蟠扎,两个枝条之间的树干上呈双丝,蟠扎树枝的金属丝在树干上的蟠扎方向必须和蟠扎树干的原金属丝缠绕方向一致。

(5)蟠扎的顺序。

用金属丝蟠扎的顺序,应先树干,后树枝。枝条蟠扎的顺序,应先下部枝条,后上部枝条。

(6)弯曲的方法。

缠绕完成后,如树干需要弯曲时,应先弯树干,再弯树枝,并由下而上,循序进行。弯曲时用力不可过猛,以防把枝干折断。要使弯曲部位内侧无金属丝,而外侧正好在金属丝上,这样,可对枝干起到保护作用,被弯曲的枝干也不易断裂。

(7)全扎与半扎。

全扎,就是对树干及枝条都进行蟠扎;半扎,就是树干原已具有一定形态,不需蟠扎,只对枝条进行若干蟠扎造型即可。

(8)蟠扎后的调整。

枝干蟠扎弯曲完成后,要从整体出发,远观近瞧,对形态不够满意处进行一些调整,如有的枝条太长,树形不美,可将枝条打弯变短,以获得理想的效果(见图3-25)。

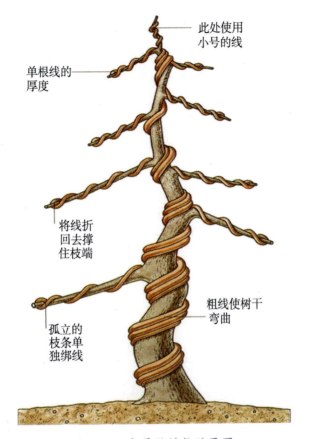

图3-25 金属丝蟠扎效果图

金属丝蟠扎有利也有弊。蟠扎树木盆景,用棕丝好还是用金属丝好,人们看法不一,笔者认为各有所长,也各有不足之处。如果就易于掌握、工效高、成型快而言,金属丝优于棕丝。

(1)易于掌握。

要掌握好棕丝蟠扎方法的蟠、吊、拉、扎技艺,并达到弯曲自如、得心应手的程度,不是短期内能够学会的,没有几年乃至更长时间的功夫是难以办到的,而且对于初学者和业余盆景爱好者来说,其效果也不会很理想。金属丝蟠扎技术比棕丝蟠扎的技术要简单一些,只要把起点固定、蟠扎密度和方向、弯曲受力点等几个方面掌握好,基本上便可以按构思进行弯曲造型。

(2)工效高。

以中型盆景为例,进行技术相近似的蟠扎,用金属丝蟠扎比用棕丝蟠扎工效高一倍以上。当今商品竞争激烈,工效低,必然导致成本高,成本高就无竞争力,故一般进行商品生产的盆景制作者,多用金属丝蟠扎。

（3）成型快。

用金属丝蟠扎机械强度大，能弯曲自如。金属丝导热，对树木生长不利，但也正由于它导热，可加快定型，但对于一些树皮薄的树木则应慎重行事。中小型树木盆景用金属丝蟠扎，一般经过一二年即可固定成型。

用金属丝蟠扎的不足之处是，不够美观，拆除时比棕丝复杂。

无论是用棕丝、金属丝蟠扎，还是作粗干弯曲，都应遵循以下原则：

（1）蟠扎宜在树木休眠期或生长缓慢期进行。落叶树木最好在萌芽前，一般在早春或晚秋。

（2）蟠扎宜在盆土较干时进行，如刚浇完水或下过雨就进行蟠扎，由于根的固定力减弱，常常造成树根损伤。

（3）蟠扎对树木生长不利，因此，长势不壮或上盆不久的树木，暂不要蟠扎。

（4）解除蟠扎物的时间，应根据树木不同种类，灵活掌握。枝条比较柔软的迎春、六月雪、石榴等，蟠扎时间应长些，一般 2~3 年方可解除。若蟠扎物解除过早，枝干未定型而反弹回去，虽有弯度，但不理想，再进行蟠扎就费时费工了。

序号	实施内容
1	常见的棕丝蟠扎方法有哪些？
2	如何区分棕丝蟠扎与金属丝蟠扎？
3	金属丝蟠扎需要注意的事项有哪些？
4	无论用棕丝、金属丝蟠扎，还是作粗干弯曲，都应遵循哪些原则？

任务分组			
班级		组号	
组长		学号	
组员	姓名	学号	任务分工

项目三 树木盆景的制作

续表

评价环节		评价内容	评价方式	分值	得分
课前	课前学习	线上学习	教学平台(100%)	10	
	课前任务	实践学习	教师评价(100%)	5	
课中	课堂表现	课堂投入情况	教师评价(100%)	10	
	课堂任务	任务完成情况	教师评价(40%)	20	
			组间评价(40%)	20	
			组内互评(20%)	10	
	团队合作	配合度、凝聚力	自评(50%)	5	
			互评(50%)	5	
课后	项目实训	整体完成情况	教师评价(100%)	15	
合计				100	

任务四 修剪技艺

任 务 要 求	
任务内容	本任务主要介绍盆景的修剪,通过对摘、截、缩、疏、雕、伤等六个方法的讲解,让学生了解树木盆景造型中的修剪技艺。
知识目标	了解盆景修剪; 熟悉盆景修剪中的摘、截、缩、疏、雕、伤六种方法。
能力目标	能通过对盆景修剪方法中摘、截、缩、疏、雕、伤六个方面的学习,掌握雕、伤修剪方法;同时,熟练地操作修剪方法中的摘心与摘叶、截、缩和疏。
素质目标	培养文化自信,提高对树木盆景造型中修剪技艺的认知; 培养正确的劳动价值观。

知识准备

盆景修剪方法归纳起来有摘、截、缩、疏、雕、伤六种。在修剪时期上,应冬剪与夏剪相结合,在方法上应蟠扎与修剪相结合,各种具体剪法综合应用。

1. 摘心与摘叶

1.1 摘心

摘心就是用手或剪刀,除去新枝顶端的芽头(即生长点),以促使腋芽生长与坐果。摘心

可控制枝条长度,缩短节距,使小枝及叶片密集成形。摘心为什么能促进腋芽的生长呢?因为芽头能够产生一种激素,这种激素浓度高就抑制生长,浓度低就促进生长,芽头产生的这种激素,大部分被输送到侧枝,如果摘掉顶芽,就去掉了激素对侧枝的控制,这样就能加快侧枝的生长。

1.2 摘叶

树桩盆景的叶子是一大观赏点,很多时候需要对其进行摘叶处理来提高盆景的观赏性。有效的摘叶可以使盆景更具活力,可使叶子造型更加理想,还能促进多次发新芽新叶。但如果盲目地进行摘叶则有可能使树木不能正常生长,进而枯萎,或者是形成僵苗。树桩盆景的摘叶是有讲究的。

一是要看树木种类,并不是所有树桩都适合摘叶。可以摘叶的树木一般是萌芽能力比较强的,这样在摘叶后就能立即生长新芽出来,比如榆树、黄荆等。另外,对一些叶片长得比较大、影响美观的树木,也可以在合适的时机进行摘叶,比如石榴树、朴树等。常见的松树盆景,为了使针叶变得短小、变得更紧凑,也可以进行摘叶处理。

二是要看时机,不能说一年要摘几次,就不管不顾直接就动手摘,有些时候是不适合摘叶的。夏天的时候就不适合进行摘叶,对那些生长期为春夏的树木来说,夏天正是储存养分的时候,这个时候将叶子摘掉,光合作用减少,相当于断了养分的来源。而且夏天高温,叶子被剪,蒸腾作用也会受到影响。如果是在梅雨季节摘叶,则可能使一些长得比较瘦弱的树桩生长更加受限,严重时还可能使整个植株霉变死亡。

三是摘叶有技巧。摘叶不是随随便便将叶子一摘就完事的。在摘之前需要先施一次肥,一般是在摘叶半个月前施,这样能保证树木及时发新芽。在摘的时候,要注意挑选,只对那些生长稳定的树枝进行摘叶处理,长得比较弱的最好不要将叶子全部摘掉。此外,要用剪刀进行,不要用手去扯,且在摘叶的时候不要伤到腋芽,要将叶柄留着,只是将叶子去除。

四是摘叶的次数要看树桩盆景的存活情况。如果是成型的很健壮的树桩,则一年内可以对整个植株进行1到2次摘叶,且可以将叶子全部摘除。如果是那些尚未成型的,则一年只能摘一次叶,且只能挑选那些叶子茂密的枝条进行。如果是那种需要长粗的树桩或者枝条,则不能够进行摘叶,否则会影响其成型。

适当地对树桩盆景进行摘叶处理,能使树叶变小,使枝条成型,使整体造型更加饱满、更加紧凑有致;也可以使观叶类植株一年内可有几次最佳观赏时期;还可以使一些观花观果类的树木开花多、坐果多。但是一定要注意不能盲目摘叶,要注意方法。

2. 截

对一年生枝条剪去一部分叫截。根据剪去部分的多少可分为短截、中短截和重短截。它们的修剪反应是有差异的:短截后形成的中短枝较多,单枝生长弱,但总生长量大,母枝加粗生长快,可缓和枝势(见图3-26);中短截后形成的中长枝较多,成枝力高,生长势旺,可促进枝条生长;重短截后成枝力不如中短截,一般在剪口下抽生1~2个旺枝,总生长量小,但可促发强枝(见图3-27)。自然式的圆片和苏派的圆片主要靠反复短截造出来。枝疏则截,截则密。

图 3-26 短截

图 3-27 重短截

3. 回缩

对多年生枝截去一段叫回缩。这是岭南派"蓄枝截干"的主要手法。回缩对全枝有削弱作用，但对剪口下附近枝芽有一定促进作用，有利于更新复壮（见图 3-28）。如剪口偏大则会削弱剪口下第一枝的生长量，这种影响与伤口愈合时间长短和剪口枝大小有关。剪口枝越大，剪口愈合越快，则对剪口枝生长影响越小；反之，剪口枝小、伤口大则削弱作用大。所以回缩时，留桩长或伤口小，对剪口枝影响小，反之为异。为了达到造型的目的，挖野桩时或养坯过程中，经常应用回缩的办法，截去大枝，削弱树冠某一部分的长势；或为了加大削度，使其有苍劲之感，而实行多次回缩。所以回缩既是缩小大树的有力措施，又是恢复树势、更新复壮的重要手段，也是造成岭南派"大树型"的主要手段。

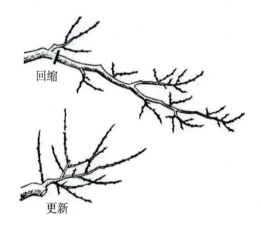

图 3-28 回缩

4. 疏

疏又叫疏剪，是将一年生或多年生枝条从基部剪去。疏剪对全桩起削弱作用，减少树体总生长量。它对剪口以下的枝条有促进作用，对剪口以上枝条有削弱作用，这种作用与被剪除枝条的粗细有关。衰老桩头，疏去过密枝，有利于改善通风透光条件，可使留下的枝条得到充分的养分和水分，保持枯木逢春的景象。对病虫枝、平行枝、交叉枝、对生枝、轮生枝，有些要疏掉，有的则要蟠扎改造，以达到造型的要求（见图 3-29）。

5. 雕

对老桩树干实行雕刻,使其形成枯峰或舍利干,显得苍老奇特(见图3-30)。用凿子或雕刀依造型要求将木质部雕成自然凸凹变化,是劈干式经常使用的方法。有条件的还可以引诱蚂蚁蛀食木质部达到雕刻的目的。

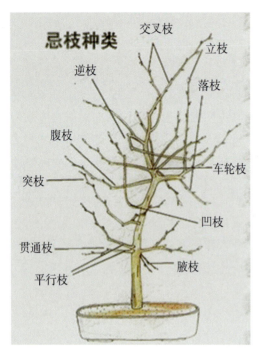

图3-29 疏剪

图3-30 盆景

6. 伤

凡把树干或枝条用各种方法破伤其皮部或木质部,均属此类。如为了形成舍利干或枯梢式,就采用撕树皮、刮树皮的手法。为使树干变得更苍老而采用锤击树干或刀撬树皮,使树干隆起如疣。这种处理在形成层活动旺期(5—6月)进行。此外,刻伤、环剥、拧枝、扭梢、拿枝软化、老虎大张口等也均属于伤之列。萌芽前在芽上部刻伤,养分上运受阻,可促使伤口下部芽眼萌发抽枝,弥补造型缺陷。在果树上环剥技术应用较普遍,对形成花芽和提高坐果率效果显著。拧枝、扭梢、拿枝都应掌握伤筋不伤皮的原则,对缓势促花都有一定效果。

序号	实施内容
1	盆景修剪方法有哪几种?
2	盆景修剪中摘心和摘叶有哪些讲究?
3	盆景修剪中截可以分为哪几种?

续表

序号	实 施 内 容
4	盆景修剪中为什么要进行回缩？回缩的作用是什么？
5	盆景修剪中如何做到正确疏剪？
6	盆景修剪中哪些属于伤系列？伤在盆景中有何促进作用？

任 务 分 组			
班级		组号	
组长		学号	
组员	姓名	学号	任务分工

评价环节		评价内容	评价方式	分值	得分
课前	课前学习	线上学习	教学平台(100%)	10	
	课前任务	实践学习	教师评价(100%)	5	
课中	课堂表现	课堂投入情况	教师评价(100%)	10	
	课堂任务	任务完成情况	教师评价(40%)	20	
			组间评价(40%)	20	
			组内互评(20%)	10	
	团队合作	配合度、凝聚力	自评(50%)	5	
			互评(50%)	5	
课后	项目实训	整体完成情况	教师评价(100%)	15	
合计				100	

任务五　上盆技艺

任务要求	
任务内容	本任务主要介绍盆景的上盆,通过讲解上盆的时期、上盆的准备、上盆的采挖与切根、上盆的过程、各种树形上盆栽植位置和上盆后的养护管理等,让学生了解树木盆景造型中的上盆技艺。
知识目标	了解上盆的时期、准备; 掌握上盆的采挖与切根、上盆的过程和各种树形上盆栽植位置; 了解上盆后的养护管理。
能力目标	能通过上盆前期准备,掌握上盆的采挖与切根和各种树形上盆栽植位置; 能熟练地操作上盆的过程方法。
素质目标	培养文化自信,提高对树木盆景造型中上盆技艺的认知; 培养正确的劳动价值观。
课程思政	盆景艺术,起源于我国,是中华优秀传统文化的重要组成部分,盆景上盆造型的学习让学生深度认同中华优秀传统文化,增强学生的文化自信。

1. 上盆概念

把栽植或者生长于庭园和田地的盆景素材,或者采自山野的盆景素材种植于盆钵中的过程称为上盆。同时,利用扦插成活的材料经过1～2年栽培后,作为培养的第一阶段栽植于盆钵中的过程也属于上盆。

上盆的理由如下:

(1)防止植物徒长,形成小型化树姿;

(2)促进小枝繁茂密集;

(3)形成干枝紧凑、具有趣味性的树形;

(4)形成理想的根盘;

(5)促进根系细根多萌发。

因此,盆景素材上盆是素材成为盆景必须经过的第一阶段。

2. 上盆的时期

上盆的时期一般在树木休眠期间的11月到3月前后。该时期,树木处于休眠状态,特别是落叶树种,即使切断部分根系,水分的吸收量减少,也不会对树木的存活造成太多不利影响。

在11月到1月之间的严寒冬季上盆的盆景素材,待春季根系开始活动需要的时间较长,发根活动变晚,可能会导致树势减弱,因此,上盆的最佳时期应该在根系将要开始活动的3月前后。

但是,树种不同,上盆的最佳时期也会有些差异,主要影响因素如下:

2.1 树木耐寒性的影响

耐寒性弱的树种,一般多为暖地性植物,如石榴、茶梅、栀子、木通、紫薇等。这些树种根系活动时间一般较晚,因此,上盆时期也应该向后推移才安全,并有利于树木的生长。如果在严寒冬季上盆的话,因为到根系开始活动的时期太长,成为导致树势变弱的原因。因此,该类耐寒性弱的树种,上盆时期应该较晚,如在4月前后进行,避免严寒期。

2.2 与病菌的关系

贴梗海棠、梅花、石榴、苹果等树种,随着春季气温开始回升,根部伤口处的病菌也开始侵入,引起根部感染与腐烂,常常会导致树势减弱,观赏价值降低。对于该类树种应当在秋冬季进行断根与上盆,等到春季气温回升时,根部伤口处已经形成愈伤组织,防止病菌的侵入。

3. 上盆的准备

在上盆之前,应该进行充分的准备,以免造成树木生长减弱。

3.1 盆钵

树木上盆可以分为直接把素材栽植于观赏价值较高的盆景盆后一边养护一边观赏与栽植于盆钵中后只注重养护两种情况。情况不同,对于盆钵的选择也不同。在此只从素材生长的角度讨论盆钵的大小问题。

对于植物来说,栽植于较大盆钵中有利于根系生长,但对于盆景来说,如果出现徒长的现象则对盆景的整形不利,所以应该选择适当大小的盆钵。

3.2 盆土

盆土具有以下作用:
(1)固定树木,防止倒伏;
(2)保护树木根系;
(3)成为提供树木水分与矿物质的场所;
(4)与盆钵、树木一起产生美感。

在选择盆土时,除了考虑有利于根系生长的排水性、保水性、透气性良好的土壤之外,还应该重视美观性。

4. 采挖与切根

与栽植于盆钵中的树木相比,栽植于露地中的树木细根少,长根与直根比较发达。即使采用播种法与扦插法繁殖的苗木,因为长期生长于露地环境中,也会出现细根、须根少的现象。因此,很有必要在上盆采挖前的1~2年进行断根处理(见图3-31)。

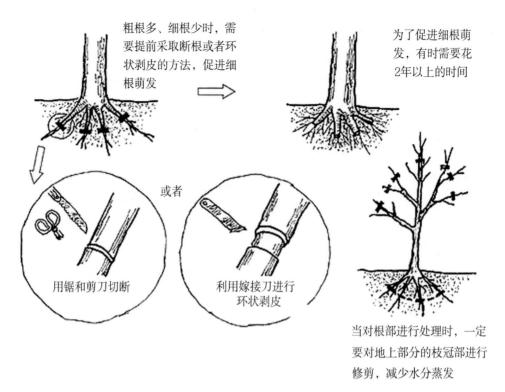

图 3-31 采挖前的 1～2 年对根部进行处理

因为徒长根与直根等不利于上盆,在采挖素材与上盆之前,必须对徒长根与直根进行处理。在处理时,应该注意以下问题:

(1)在切除徒长根与直根等比较粗的根时,切口处要用锋利的刀子削切,并涂抹伤口愈合剂,促进早日形成愈合组织并萌发新根。

(2)对于直根以及接近直根的根应该进行强度切除,而对于接近地表的横向根应该进行适当留长,这些横向根是形成良好根盘的重要组成部分。

(3)在上盆时,对于细根发生不理想的素材,如果只一次对根系进行强剪,栽植于小盆中,则栽培并不利于素材生长。对于该类素材应该分两步进行:先对根系进行适度切除后,栽植于较大盆钵中,待大量细根长出后对粗根再进行一次短截,栽植于较小盆钵中。

(4)上盆时,因为对根部进行了相当程度的切除,水分吸收能力减弱,为了减弱地上部的水分蒸发,有必要对地上部枝冠进行适度切除。

素材的采挖方法如图 3-32 所示。

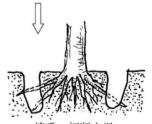

图 3-32 素材的采挖方法

5. 上盆

当素材自露地挖出并对根部与枝冠进行整理之后,按照以下步骤进行上盆操作。

(1)选盆并固定排水孔。

选择适当大小与形状的盆钵,并对盆钵排水孔利用金属丝把网块进行固定,以防土壤漏出(见图3-33)。如果盆钵为签筒状的细高盆,盆底可以用瓦片对孔眼进行遮挡。

(2)设置固定用金属丝。

为了把树体固定在盆钵中,防止树体摇动(特别是浅盆时),有必要设置固定用的金属丝(见图3-34)。

图3-33 排水孔处理

图3-34 金属丝固定

(3)盆底放置较大颗粒基质。

为了确保盆土的透水性和排水性良好,有必要在盆底放置适当厚度的较大颗粒层。

(4)修剪素材根系。

对根系进行适当处理与修剪(见图3-35和图3-36)。

图3-35 修剪素材根系

(5)放置于盆中正确位置。

找出素材正面,按照一定方向将素材放置于盆中的适当位置。成丛栽植的情况下,将相互靠近部分的土坨打破,以便有利于调整位置关系,外侧土坨如果不影响栽植,可以保留原状。

(6)固定、栽植。

栽植位置确定后,放置适当厚度的基质后用金属丝进行固定。固定后,放入充分的基质,用竹筷进行上下左右捣动,使土壤进入土坨底部,切忌原来土坨基部下侧有空隙(见图3-37)。

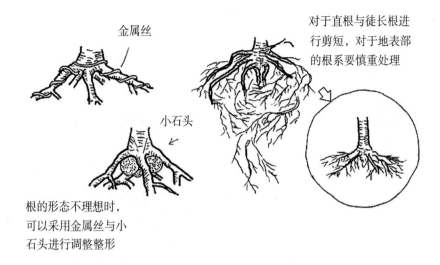

图 3-36 根系整理的方法

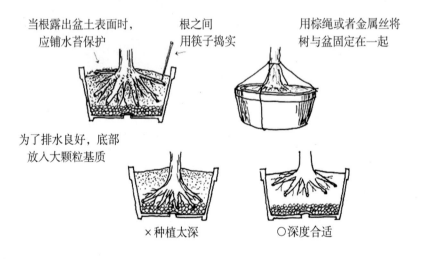

图 3-37 上盆过程

用小铲对盆缘部盆土与里部盆土进行适度镇压,使盆土表面自然平整。最后用小刷子进行扫除整理。

(7)浇水。

使用喷壶进行充分浇水,待盆底排水孔流出清水后方可停止。

6. 各种树形的栽植位置

树形不同,在盆钵中的栽植位置不同。

6.1 直干

首先从正前方看主干,主干不倾斜于左右任何一侧。其次,看最下枝,如图 3-38 所示,因为右侧枝条比左侧枝条长,则盆树的方向面向右侧。右侧空间较大空出,主干位置应比盆

钵中心线偏左。树冠形状为不等边三角形。

6.2 斜干

从正前方看主干,主干倾斜一方为盆树的方向。如图3-39所示,长枝位于左侧,为了树体平衡,栽植位置偏左,向右倾斜。

图 3-38 主干栽植位置　　　　图 3-39 斜干栽植位置

6.3 曲干

只从曲干树干弯曲倾斜很难判定朝向,曲干树形的情况主要看树头的状态来决定盆树倾斜的方向。该类树的前方枝条如果遮挡主干太多时,栽植主干位置位于盆钵中心线稍稍偏后亦可(见图3-40)。

6.4 一本多干

通过观看整体树姿决定主干倾斜的方向。决定栽植位置时,把全体树木当作一个整体来对待比较好处理。不拘泥于树干数量、根盘大小,考虑朝向一侧空间较大、盆钵前后空间大小相同即可。

从各树的朝向以及枝条的关系来看,即使盆钵前后的空间大小不完全均等也可以(见图3-41)。

 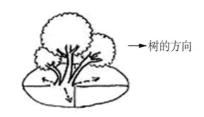

图 3-40 曲干栽植位置　　　　图 3-41 一本多干栽植位置

6.5 丛林

把小组全体当作一株树木来对待,把全体树木的朝向当作小组树木的朝向。朝向一侧的面积较大、前后距离与空间看起来相同即可。从树的大小与枝条之间的关系来看,树干与盆缘之间的距离有时会不等(见图3-42)。

6.6 附石式

把树木与景石综合起来当作一株树看待,以动线或者趋势的方向作为附石盆景的方向。一般来说,位置朝向一方空间较大,前后的空间应该基本相等(见图3-43)。

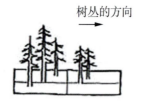 

图 3-42　丛林栽植位置

图 3-43　附石式栽植位置

7. 上盆后的养护管理

如果盆树上盆之前根系较好、剪除较少，上盆之后可以直接放置于养护台架上，经过精心管理，不会出现枯死现象。但从安全角度来看，最好放置于半阴处，或者有遮阴网对全日光照有所遮蔽，并有防风设施等。

春季到秋季上盆者，有 1~4 周时间基本上可以成活。成活之后，叶色变浓、色泽恢复，这时便可以把它放置于一般的养护台架之上进行养护。

肥料等营养物质通过根系吸收，当新根萌发、活动开始之后再进行施肥。如果在上盆不久，新根尚未活动之际施肥会导致盆树枯死。所以，当上盆之后盆树开始正常生长、放置于养护台架上之时，就可以正常施肥。在开始施肥时，多施用腐熟的油渣肥与骨粉等迟缓性肥料。

序号	实施内容
1	观看单株树木盆景制作实例，写出单株树木盆景制作流程。
2	观看丛林式树木盆景制作实例，写出丛林式树木盆景制作流程。
3	尝试完成一盆树木盆景的上盆工作。

项目三 树木盆景的制作

任 务 分 组			
班级		组号	
组长		学号	
组员	姓名	学号	任务分工

评价环节		评价内容	评价方式	分值	得分
课前	课前学习	线上学习	教学平台(100%)	10	
	课前任务	实践学习	教师评价(100%)	5	
课中	课堂表现	课堂投入情况	教师评价(100%)	10	
	课堂任务	任务完成情况	教师评价(40%)	20	
			组间评价(40%)	20	
			组内互评(20%)	10	
	团队合作	配合度、凝聚力	自评(50%)	5	
			互评(50%)	5	
课后	项目实训	整体完成情况	教师评价(100%)	15	
合计				100	

任务六　树木盆景养护与管理

	任 务 要 求
任务内容	本任务主要介绍制作树木盆景中从温度、光照、通风、盆土、上盆、浇水、遮蔽、松土、施肥、翻盆、防腐、病虫害防治等方面进行的养护与管理,让学生了解树木盆景的养护与管理全过程。

续表

任 务 要 求	
知识目标	了解盆景养护与管理中需要注意的温度、光照、通风、盆土、遮蔽和防腐等； 掌握盆景养护与管理中上盆、浇水、施肥和病虫害防治的方法。
能力目标	能通过对盆景养护知识的学习，有效地对盆景进行养护管理； 能熟练地操作盆景养护过程中的浇水、施肥、翻盆方法。
素质目标	培养文化自信，提高对树木盆景养护与管理的认知； 培养正确的劳动价值观。

养护管理是制作树木盆景最基本的常识与前提，每个盆景爱好者均应全面掌握。

1. 温度

温度对树木的生长具有重要的影响。树木一般在夏季的高温期和冬季的严寒期生长缓慢或停止生长（即休眠期），这是因为环境温度超出或达不到树木正常生长的需求。而春季和秋季温度适中，是树木生长的旺盛期。

2. 光照

万物生长靠太阳，树木对光照的依赖性强。但因树木种类与特性不同，其对光照强弱的要求也不同。光照可分为长日照、中日照与短日照。用以制作盆景的树木，一般倾向于长日照，如榆树、雀梅、九里香、朴树等（见图3-44）。

3. 通风

树木对周边环境通风的要求有两个：一是树木本身枝干、叶片相互间的通风透气；二是树与树以及周围环境间的通风透气。不通风的地方往往光照不足，进而导致叶黄枝瘦，易发生病虫害。因此除了良好的通风环境外，树木本身的枝条应经常性地疏剪，才能保持良好的通风状况，减少病虫害的发生，使盆树健康地生长。

4. 盆土

土是植物健康生长的基础。树木盆景选用的土一般是酸碱度适中、疏松肥沃、排水透气的腐殖土、菜园土和河沙等。还要根据盆树培植的各个时期的需

图3-44 《回眸》
雀梅 63厘米×50厘米
作者：刘景生

求,掌握土的配比要求。

(1)成活期。无须太多的肥沃土,仅河沙加黄土或菜园土即可,以8∶2配比配制。若是榆树、雀梅等杂木,仅用河沙也可。由于河沙疏松,易生须根,但水分蒸发快,应注意保湿。

(2)蓄养期。腐殖土加菜园土加河沙,配比为4∶4∶2。

(3)成型期。保持适当的肥沃、疏松盆土即可,或腐殖土加菜园土加河沙,比例为3∶4∶3。

5. 浇水

浇水是树木盆景生长护理过程中最基本的工作。它看似简单,却有不少盆景爱好者"栽"在这个环节上,致使盆树枯萎死亡或生长不良。因此,要讲究科学的浇水方法,其原则是见干见湿,即不干不浇、浇则浇透(水自盆底排水孔流出)。其"干"并非干燥,而是保持盆土仍有一定的湿润度。那么该如何判断呢？主要是注意观察,若叶片光泽度减弱、嫩枝下垂,说明植物已有一定程度的脱水;盆土表面呈白灰色,说明土已干,必须浇水了。浇水时,还须注意如下几点事项。

(1)浇水时间。一般为上午9点和下午5点。若是冬季,则在中午之前浇水为宜,因为太晚浇水,盆土潮湿,遇温度下降,可能使根部冻伤;夏季可以晚上或清晨浇水(根据不同树种也可以在中午浇水)。

(2)浇水方法。根据不同时期、不同树种的需求,方法各不相同。

①根部浇水:将水直接淋往根部,一易浇透,二可节水,三可冲刷根部杂物,保持盆树根部洁净美观。

②浸水法浇水:将盆树放入装水的大盆或大缸中,上淹下渗(从盆底排水孔渗入),易于透水。微型盆景及盆土凸出盆面不易透水的小型盆景多用此法浇水。

③喷雾浇水:不淋根盘盆面,只往枝干、叶片上洒水。经常性的喷洒可缓解环境干燥,尤其对新植的桩坯可起保湿作用,对促进抽芽发根非常有效。

(3)控水阶段。树木盆景成型后便进入了水分的控制阶段。有意识、有目的地控水,可使叶片逐渐变小,枝节变得苍老,对维护树态造型效果极佳。

6. 遮蔽

遮蔽是在盆树护理过程中采取的一种特别的保护措施,以遮阳网和黑塑料膜为佳。

6.1 全遮蔽

全遮蔽有封闭式遮蔽法和套袋法。封闭式遮蔽是用塑料膜将所植桩坯全部遮盖,下用石块或沙土压住,以防塑料膜被风吹开,适用于中型以上桩坯及成批小型桩成活期的大面积遮蔽。套袋法是用塑料袋遮盖,适用于微型、小型桩的遮蔽,其体积小,便于操作。两种方法形式不一,但效果相同,一般用于新桩的培植,可以保持温度,也可以增加湿度,促进桩坯萌芽生根,提高成活率。这种方法也是冬季保护树木安全越冬的一种有效手段(见图3-45)。

6.2 半遮蔽

夏季光照强,耐阴树种可用遮阳网遮蔽。

图 3-45 《天韵》

榕树 110 厘米×200 厘米

作者：黄明山

6.3 局部遮蔽

局部遮蔽是在特定时间、季节对特定部位的遮盖防护。

(1)高温期。在盛夏酷暑季节,树木主干的中下部凸起转折处可用遮阳网或湿布遮盖,以防止树段该处皮层发生龟裂、枯萎。

(2)严寒期。盆树换盆、根部修剪后,要用塑料膜遮盖盆面,可以保持盆土温度,促进盆树萌芽发根。

(3)平时多用于对树木截锯、雕凿及开裂等加工时受伤皮层的遮蔽,可在创口涂胶,封贴塑料膜,以促进皮层伤口的愈合。

7. 松土

经常性浇水可使盆面的土块黏结,不易渗水,透气性减弱,这时可用竹签等工具松土,并结合除草。

8. 施肥

施肥是树木管理养护的重要环节,是使树木茁壮生长的有效手段,但施肥过量或者用肥不当,均可使植株烧死,造成肥害。因此,必须认真对待。

(1)肥料功效。肥料可简单地分为氮肥、磷肥、钾肥,其对树木的作用各不相同。氮肥,如人粪尿、饼肥、厩肥等,可促进植物枝叶繁茂;磷肥,如禽粪、骨粉等,可促进植物开花结果;钾肥,如草木灰等,可促进植物根系健壮。

(2)施肥原则。薄肥多施,诸肥腐熟,晚肥早水,先拌基肥而后追肥。

(3)施肥方法。施肥分湿施、干施两种。湿施为液肥拌水,肥水之比为 1∶10;干施可用饼肥直接撒在盆树根部四周,或嵌入盆土中更佳,可减轻异味。

(4)施肥时间。结合树的生长状况及季节,适时施肥。例如:桩坯的成活期可少施肥或不施肥;桩坯的蓄养期或旺盛期可多施肥;桩坯的成型期要少施肥。春秋两季勤施肥;夏冬两季(休眠期)可以少施肥或不施肥。

9. 翻盆

翻盆是树木护理中一项极其重要的技术措施,通过更新盆土,转换盆钵,不仅有利于盆树的生长发育,而且可提高盆树的欣赏价值。在具体翻盆操作中,应注意如下几点事项。

9.1 翻盆时间

一般宜选择盆树的休眠期、萌芽前或发育缓慢期进行翻盆。具体时间应根据树种特性、地域温度的不同,灵活掌握。比如,榆树耐寒,立春前可翻盆;雀梅、九里香性喜温暖,翻盆时间可推后。如果仅是小盆换大盆,保持植株的土团和根部完好,则一年四季均可换盆。

9.2 翻盆期限

微型盆景土少,最好每年翻盆一次;小型盆景可1~2年翻盆一次。若土质疏松、肥力长效、长势良好,则可推迟翻盆时间。总之应视具体情况而定。

9.3 翻盆方法

(1)修剪整形,既便于翻盆操作,也利于布局调整以及减少树木水分的蒸发。
(2)盆、树分离时,微型盆景可采取倒扣分离(见图3-46);小型以上盆景宜先用竹签或其他器具剔除盆周边的土,然后抓住树干轻轻摇晃,促使盆、树分离(见图3-47)。

图 3-46　微型盆景的翻盆　　图 3-47　小型以上盆景的翻盆

(3)剔除旧土时,要用竹签除去旧土,注意勿伤了植株的根系(见图3-48)。
(4)处理根系时,要剪除植株的长根及烂根(见图3-49)。
(5)重新上盆,调整布局,理顺根系后填土压实。
(6)浇水定植时,一定要浇透定根水。但有的树木则要待新修剪的根部创口的树液干缩后才能浇水,如榆树等。

10. 防腐

防腐是保持树木健康存活及树态美观的防护措施之一,适用于枯干(舍利干)、腐洞等树木的护理。

(1)石硫合剂:溶化搅拌,一年涂抹数次,一次涂抹数遍。

图 3-48　用竹签除旧土　　　图 3-49　剪去长根、烂根

(2)酒精松香混合剂:可以自制,以松香和酒精 1∶1 混合溶解即可,一年涂抹两次。

(3)注意事项:只涂抹需防护的部位,且在涂抹前用刀片、刷子等将附着在涂抹部位上的腐烂木质及杂物清理干净,而后再涂抹。涂抹部位的周边轮廓线应简洁、清晰。

11. 病虫害防治

树木盆景也免不了受病虫害的侵害,轻则引起枝枯叶落,重则导致死亡,前功尽弃。所以,在日常管理养护中应注意树木的通风透光、合理施肥,掌握"以防为主,防治结合"的原则。

11.1　病害防治

树木盆景有白粉病、锈病、黑斑病等,许多药均可治疗。最简易的方法,就是将盆树病叶摘下数片,结合病况,直接到园林部门或农技站请教专业人员,做到对症购药,并按药物所标明的用量及用法进行治疗。

11.2　虫害防治

树木盆景常见虫害有介壳虫、蚜虫、白粉虱、天牛、红蜘蛛等。这些害虫均可用 40% 氧乐果乳油 1000～1500 倍液喷雾杀灭,也可到园林部门或农技站等咨询购药治理。

此外,日常还要留心观察、加强管理,入冬前可进行全面的打虫清理等防范措施,以减少病虫害的发生。

序号	实施内容
1	光照分为哪几种?用以制作盆景的树木,一般倾向于哪种光照?
2	树木盆景养护与管理中,遮蔽的工具有哪几种?不同时期应采取何种遮蔽方式?
3	请阐述在树木盆景养护与管理中,不同时期、不同树种的浇水方法。
4	树木盆景养护与管理中,如何正确地施肥?请从施肥原则、施肥方法、施肥时间等方面进行展开。

续表

序号	实 施 内 容
5	树木盆景养护与管理中如何进行翻盆？翻盆过程中应注意哪些事项？
6	枯干（舍利干）、腐洞等树木可以采取哪些方式进行防腐？
7	树木盆景养护与管理中，如何对病害和虫害进行防治？

任 务 分 组		
班级		组号	
组长		学号	
组员	姓名	学号	任务分工

	评价环节	评价内容	评价方式	分值	得分
课前	课前学习	线上学习	教学平台(100%)	10	
	课前任务	实践学习	教师评价(100%)	5	
课中	课堂表现	课堂投入情况	教师评价(100%)	10	
	课堂任务	任务完成情况	教师评价(40%)	20	
			组间评价(40%)	20	
			组内互评(20%)	10	
	团队合作	配合度、凝聚力	自评(50%)	5	
			互评(50%)	5	
课后	项目实训	整体完成情况	教师评价(100%)	15	
合计				100	

任务七　单株树木盆景制作实例

任务清单

	任务要求
任务内容	本任务主要以树木盆景中的直干式为例，介绍单株树木盆景的栽植、蟠扎、配盆及直干式的艺术造型等，让学生了解单株树木盆景制作过程。
知识目标	了解单株树木盆景的栽植、配盆及直干式的艺术造型； 掌握树木盆景中直干式的艺术造型方法。
能力目标	能通过对直干式盆景造型方式的学习进行单株盆景的制作； 能熟练地制作直干式盆景。
素质目标	培养文化自信，提高对单株树木盆景类型和制作的认知； 培养正确的劳动价值观。
课程思政	盆景艺术，起源于我国，是中华优秀传统文化的重要组成部分，单株树木盆景制作实例的学习让学生深度认同中华优秀传统文化，增强学生的文化自信。

知识准备

树木盆景造型不应该也不可能有固定的、一成不变的模式，但也不能不讲造型法则，二者如何统一，关键在于因材制宜、因势造型，注重特征、制作经典。像贺淦荪大师的《雷霆万钧》（见图 3-50），作为一种典型的动势盆景，必须强调有"自然的神韵，活泼的节奏，飞扬的动势，写意的效果"。其造型要领是要跌宕有势，植株主干向下悬挂，悬根露爪，紧紧咬定盆沿，临危不惧，树干伸延要流畅，比例自然，曲中顿挫分明，有节奏感。树尾要有生气，枝片部位适当，争让适宜，疏密有致。

图 3-50　贺淦荪大师的《雷霆万钧》

直干式单株树木盆景制作实例：

(1) 原材料如图 3-51 所示。
(2) 前后观赏，确定主观赏面（见图 3-52）。
(3) 将下部杂乱枝条进行疏剪（见图 3-53 至图 3-56）。
(4) 对上部枝条进行疏剪（见图 3-57）。
(5) 将飘枝用金属丝进行蟠扎（见图 3-58）。

项目三　树木盆景的制作

图 3-51　原材料

图 3-52　主观赏面

图 3-53　下部杂乱枝条

图 3-54　剪去下部无用枝条

图 3-55　剪去对生枝

图 3-56　下部修剪后效果

图 3-57　上部修剪后效果

图 3-58　蟠扎

（6）进行拿弯，到合适的角度（见图 3-59 和图 3-60）。

图 3-59　拿弯

图 3-60　飘枝效果图

(7)顶部修剪(见图3-61)。

图 3-61　顶部修剪

(8)完成图正面观如图3-62所示,背面观如图3-63所示。

图 3-62　正面　　　　　　　　　　图 3-63　背面

序号	实施内容
1	自选材料,制作一盆单株树木盆景。

任务分组

班级			组号	
组长			学号	
组员	姓名	学号		任务分工

评价环节		评价内容	评价方式	分值	得分
课前	课前学习	线上学习	教学平台(100%)	10	
	课前任务	实践学习	教师评价(100%)	5	
课中	课堂表现	课堂投入情况	教师评价(100%)	10	
	课堂任务	任务完成情况	教师评价(40%)	20	
			组间评价(40%)	20	
			组内互评(20%)	10	
	团队合作	配合度、凝聚力	自评(50%)	5	
			互评(50%)	5	
课后	项目实训	整体完成情况	教师评价(100%)	15	
		合计		100	

任务八　丛林树木盆景制作

	任务要求
任务内容	本任务主要是丛林树木盆景制作，介绍了丛林式盆景类型及制作方法，让学生了解丛林式树木盆景制作过程。

项目三 树木盆景的制作

续表

任 务 要 求	
知识目标	了解丛林式盆景类型及制作方法； 掌握丛林式树木盆景制作方法。
能力目标	能通过对丛林式盆景类型及制作方法的学习,熟练地对丛林式树木盆景进行制作。
素质目标	培养文化自信,提高对丛林式盆景类型和制作的认知； 培养正确的劳动价值观。
课程思政	盆景艺术,起源于我国,是中华优秀传统文化的重要组成部分,丛林式树木盆景制作的学习让学生深度认同中华优秀传统文化,增强学生的文化自信。

1. 丛林式盆景概念

丛林式盆景也称多干式盆景,其主干在 3 株以上(含 3 株),以表现山野丛林风光。布局时应注意主次分明,疏密得当,使之和谐统一,富有大自然的野趣(见图 3-64 和图 3-65)。丛林式盆景宜选择中等深度或较浅的长方形、椭圆形、圆形或不规则形盆器,以使盆景显得视野开阔、潇洒大气。但使用浅盆时后期管理要跟上,夏季更要注意浇水,以免因盆浅、水分蒸发过快,引起干旱,对植株生长造成不利影响。

图 3-64 《枫林秀色》　　图 3-65 《万木峥嵘》

2. 丛林式盆景类型

2.1　合栽型

合栽型将数株树木合栽于一盆,使之呈丛林状,既可同种树木合栽,也可用不同种类的植物合栽,但要尽量选择习性相近的植物合栽。数量多时可将树木分成 2~3 丛。栽种时应注意植物的纵深感和层次感,切不可将所有的植物栽种在一条直线上。

· 123 ·

2.2 一本多干型

一本多干型是指一株树木超过 3 个树干（包括 3 干）者，要求高低参差，前后错落，左右呼应。一本多干式盆景与合栽式盆景有些相似，但又有很大区别。合栽式盆景主要表现的是大自然中山野丛林风光，每棵树都是独立的，甚至可以用不同的树种组合制作此类盆景。而一本多干式盆景则表现的是一株丛生的树木，即"独木成林"，虽然它的树干很多，看上去像个小树林，但有着共同的根，每个树干都不能独立成景，树冠也是几个树干所共有的，犹如几个人同撑一把伞。

2.3 雨林型

雨林型通常以叶小而常绿、适应性强、成型快、易成活、萌芽力强、耐修剪、易蟠扎的杂木类植物为主要素材，像博兰、榆树、榕树、对节白蜡等，其桩材要求老干横卧、连根连干或一本多干。创作时以"顺乎自然，巧夺天工"为宗旨，以大自然为范本，采取模拟、借鉴、夸张等手法，合理布局，借鉴画理，融入诗情；用修剪、蟠扎等盆景技法进行塑型和科学养护，达到"虽是人为，犹如天成"的艺术境界。在盆钵中表现地势险峻、树木茂密挺拔、古树盘根错节、树势奇异而富于变化的雨林生态风光。

为了增加作品的表现力，丛林式盆景还可与其他造型的盆景结合，像与水旱式、附石式等盆景相结合，融合两者的优点，既有水旱盆景的视野开阔，又有丛林式盆景的清静幽雅；将文人树盆景的特点融入其中，使作品自然洒脱、清幽典雅；将树栽种在石上，则表现出山林景观的葳蕤茂盛，以达到"源于自然，又高于自然"的艺术效果。

3. 丛林式盆景制作方法

丛林式桩景，不论株数多少，都应有主有次、有疏有密。若主次不分、只疏不密或只密不疏，都不能称其为好作品。

丛林式盆景适于表现山野丛林之风姿，它是由多株树木组合而成的统一而富有变化的整体（见图 3-66）。制作丛林式盆景，材料并不难寻，重要的是构思立意和空间布局，具体步骤如下：

图 3-66　丛林式盆景

（1）选树。

丛林式盆景中的树木不是为了各自表现自己，而是组合在一起形成一个可供欣赏的艺术整体。因此，选树不在于每株树的十全十美，而在于姿态自然、格调统一、能够协调一致。要有大有小、有高有矮、有粗有细。有条件的最好选用盆栽苗。

（2）选盆。

丛林式盆景表现的景观较宽阔，宜选用口面较大的盆钵，形状以长方形、椭圆形为宜。盆钵宜浅不宜深。浅盆不但形体美，而且有助于表现景观的开阔和深远。盆钵太深会显得

笨重臃肿,不利于突出上面的景。盆钵底部应有排水孔,但极浅的盆也可例外。盆的质地和颜色应与所用树种、石料相协调,常用的盆有石盆、釉陶盆和紫砂盆等。

(3)脱盆剔土、修整根系。

选好苗木后首先脱盆,然后用竹签细心剔去根团上的部分泥土,使之便于在新盆中搭配栽植,同时能让根系在新的培养土中舒展生长。脱盆剔土后,如遇妨碍栽种的树根,应适当剪除。不宜剪除而又妨碍栽种的根,可用棕丝或用金属丝弯曲处理。

(4)树木布局。

树木布局是制作丛林式盆景的重要一环。这一过程是将经剔土的若干株树木在盆中安排试放。边放边观察边调整,疏密、高低、主宾、藏露,皆在试放中周密考虑,最后确定理想布局。

(5)修剪枝叶。

布局既定,要根据造型设计要求,对各株树逐一进行修剪整理。首先剪去影响整体构图效果的多余枝条,然后修剪重叠的枝条和过密的枝叶,使其繁简合宜、画面清晰、节奏鲜明。

(6)栽植树木。

栽前先用金属网或尼龙丝网或瓦片垫好盆底排水孔,然后撒上一层细土,再依照试放时确定的位置放好树木,使根系舒展,接着覆土填实,把树木栽好。如若盆浅土少,树木不易栽稳,可用金属丝绕于树根,穿过排水孔固定在盆底。丛林式盆景土面要起伏自然,富于变化。

(7)点缀石头。

点缀山石以增加山林野趣,选用的石种及形状,要与盆内树木气韵相通,有助于渲染特定的环境气氛。点缀的位置要合理,树、石才能相映成趣,盆景的意境才能更加深邃。

(8)布苔。

土面布上青苔犹如绿茵茵的草坪,使盆景增添生气。树石之间有青苔作中介物,也更加显得自然协调。布苔方法是将长苔土皮铲起,一片片贴在刚刚喷洒过水的土面上。

(9)点缀配件。

为了丰富意境、突出主题,有时需要放置配件,如舟、亭、塔、人等。配件大小要合乎比例,安放位置要恰当。配件只能是画龙点睛,不能是画蛇添足,更不能喧宾夺主,可用胶合剂牢牢地粘在石头上,也可只在展览时放一下。

(10)浇水。

最后工序是浇水。用细眼喷壶由上而下、连树带土一起喷洒,全部浇透,同时也是对盆景做了清洗。浇水后将盆景放置在遮阴处细心管理十数日,以后便可以进行正常管理。

4.丛林式盆景的组合

制作丛林盆景,为了表现旷野幽邃深密,一般将多棵树木同植于一盆中,交错掩映,如丛林一角或园林一景,引人入胜。组合这类盆景,应多注意应用画理及树与树之间的巧妙搭配,做到有疏有密、有近有远、彼此呼应、相互陪衬,有一定的布局透视感。此类盆景大多模拟溪涧丛林,或丘陵丛树,或旷野树林。树种的运用上以取同一树种为佳,亦可运用两种生态习性相似的不同树种。但树木必须做到姿态不同,大小有别。现将组合丛林盆景的基础方法介绍如下:

(1)三株树的组合。

一般来讲,此类组合最大和最小的一株需靠近,使之成为第一小组;中等的一株远离,成为另一组。但是两个小组需相互呼应,总体成不等边三角形,这样构图不致分割,如图 3-67 所示(数字序号代表树体大小,以下相同)。

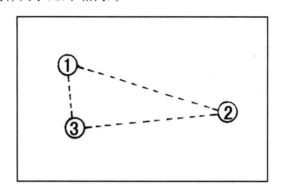

图 3-67　三株树的组合

(2)四株树的组合。

这类组合应做到任何三株树木不能在一条直线上,最好分组栽植。分组时,不能两两组合,可分成两组或三组。分两组时,用大小排列在第二或第三的一株作为一组,如图 3-68 所示。

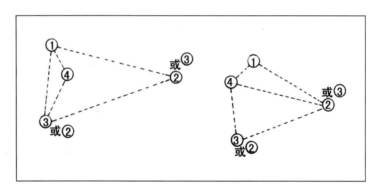

图 3-68　四株树的组合

(3)五株树的组合。

此类组景一般分成两组,有两种分组,一种分为三株一组和两株一组(见表 3-1),这类组合外形多为不等边四边形或五边形(见图 3-69)。

表 3-1　分组组合

三株一组	①②⑤	①②④	①③④	①③⑤
两株一组	③④	③⑤	②⑤	②④

另一种分为四株一组和一株一组,这种分组方式应注意单株一组的不能是最大的或最小的,且两个小组的距离不宜过远,做到相互映衬、不孤立。外形多为不等边四边形或三角形(见图 3-70)。

多株树组合时,可选用以上组合方法,灵活运用。

5. 丛林式盆景制作实例

(1)生长在长方形盆中,呈丛林式造型的三角枫如图 3-71 所示。

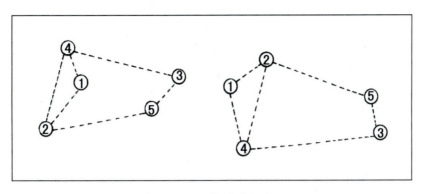

图 3-69　五株树的组合 1

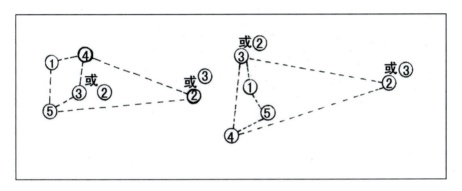

图 3-70　五株树的组合 2

图 3-71　盆景素材

(2)备用的不规则石盆及石头,如图 3-72 和图 3-73 所示。
(3)将三角枫从长方形盆中取出,在石盆中找好位置,进行布景(见图 3-74)。
(4)若原来的土有些少,可再填一些新土,并将新土捣实,使其与原来的土结合紧密。
(5)在盆面布石、铺青苔、栽种小草,做出自然起伏的地貌景观(见图 3-75)。
(6)剪除盆面上的杂草和乱根,并对小枝进行修剪和调整(见图 3-76)。

图 3-72 备用石盆

图 3-73 石头

图 3-74 脱盆、布景

图 3-75 布苔

图 3-76 修剪小枝

(7)喷水冲洗掉石上的浮土,并使青苔与土壤结合紧密(见图 3-77)。

(8)用湿毛巾将代表水景的空白部分擦拭干净(见图 3-78)。

图 3-77 喷水

图 3-78 擦拭

（9）在岸边的石头上摆放一个吹笛的摆件，使作品更加生动（见图3-79）。

图 3-79　点缀配件

序号	实 施 内 容
1	自选材料，制作一盆丛林树木盆景。

任 务 分 组			
班级		组号	
组长		学号	
组员	姓名	学号	任务分工

续表

评价环节		评价内容	评价方式	分值	得分
课前	课前学习	线上学习	教学平台(100%)	10	
	课前任务	实践学习	教师评价(100%)	5	
课中	课堂表现	课堂投入情况	教师评价(100%)	10	
	课堂任务	任务完成情况	教师评价(40%)	20	
			组间评价(40%)	20	
			组内互评(20%)	10	
	团队合作	配合度、凝聚力	自评(50%)	5	
			互评(50%)	5	
课后	项目实训	整体完成情况	教师评价(100%)	15	
合计				100	

项目四 山水盆景的制作

任务一 认识山水盆景各式

任 务 要 求	
任务内容	本任务主要介绍山水盆景概念、分类及不同造型形式。
知识目标	掌握山水盆景的概念、分类; 了解山水盆景的造型形式。
能力目标	能准确地区分山水盆景不同造型形式。
素质目标	了解山水盆景的历史渊源,培养文化自信,提高盆景审美; 培养正确的价值观。
课程思政	山水盆景以大自然奇山秀水、旖旎风光为表现主题,通过对山水盆景各式的认识学习,增强学生对祖国大好河山的热爱,提高学生审美,培养学生文化自信。

山水盆景的
历史渊源

1. 山水盆景的概念

山水盆景是指以浅口盆为容器,以山石为主要造景材料和主要构景物,并配以树、草及各种配件,经过精心布局和加工,模仿和表现大自然奇山秀水、旖旎风光的天然景色的一类盆景。山水盆景以表现山水景观为主,具有"缩地千里、小中见大"的艺术特点。

2. 山水盆景的分类

(1)按照表现的内容和形式分类。

山水盆景按照其表现的内容和形式,分为水石盆景(见图 4-1)和旱石盆景(见图 4-2)两种形式。水石盆景主要表现大自然有山、有水的景观。石料经加工后置于浅水盆中,表现大自然层峦叠嶂、险峰危崖的景观。水石盆景的盆中贮水,并有植物及小配件作点缀。旱石盆景主要表现大自然有山、无水的景观,是将山石放置在盆内,盆中全部盛土,并按照自然景色的特征,种植树木植物,并点缀配件。山水盆景必须有植物,如青苔、草、树等,没有生命的不能列入此项内。

图 4-1 水石盆景

图 4-2 旱石盆景

(2)按照盆景盆口直径大小分类。

山水盆景按盆口直径的大小分为五类:盆长超过 150 厘米为特大型;100~150 厘米为大型;40~100 厘米为中型;10~40 厘米为小型;10 厘米以下为微型。

3. 山水盆景的造型形式

3.1 平面构图形式

3.1.1 独峰式

独峰式又称孤峰式山水盆景,一般在盆内只放一块经艺术加工,形态优美、体态高大的山石,形成孤峰(见图 4-3)。为避免单调,也可用几块矮小的山石,在盆中适当位置加以衬托,但绝不能过大过多,以免喧宾夺主,破坏整体形象。孤峰式山水盆景要突出山峰的高耸和突兀之感,不宜矮小平庸。一般峰高是盆长的 80% 左右,也可峰高大于盆长。主体在盆中是最高、最大的。山石不要置于盆中央,也不能紧贴盆边,一般稍稍偏左或偏右。

3.1.2 偏重式

偏重式山水盆景由两组山石组成,分别位于盆左、右两侧,一组较高大,为主体,另一组较矮小,为客体(见图 4-4)。两组山石在结构上是断开的,但又形断意连,相互呼应,构成统一整体。切忌两组山石高低、大小相似,应有差别,富于变化,有主峰的一组偏重在一边,另一边则用山石很小的一组作陪衬和对比。多用椭圆形或长方形浅盆。

3.1.3 开合式

开合式山水盆景是盆中景物分作三个景物组合,在盆面上形成不等边三角形布局(见图 4-5 和图 4-6)。其中两组景物在前,一左一右分立布局,具有"开"的特点;同时另外一组景物在后,联络于前两组景物中间,起到"合"的作用。一开一合,把近、中、远景浑然一体地布置于同一盆中。三组景物要有主次之分,不可等量齐观,在平面布置上也不能成等边三角形。

项目四　山水盆景的制作

图 4-3　独峰式

图 4-4　偏重式

图 4-5　开合式 1

图 4-6　开合式 2

3.1.4　重叠式

重叠式山石可分为两组或三组,每组山石均形成连绵不断的低矮山脉,从盆的一侧向另一侧蜿蜒伸展,山脉与山脉穿插、重叠,表现一派远山景象。要避免山脉在平面上排成直线,每组山脉宽窄、长短也要有变化(见图 4-7)。

3.1.5　散置式

散置式是由三组以上山峰组成,并且山峰多呈分立状。散置式特别强调峰群的有机统一,山峰布置应有疏有密,有主有次,使宾主分明,否则将是一盘散沙。从立面上要有高有低,错落有致。不可将群峰排在一条直线上(见图 4-8)。

3.2　立面构图形式

3.2.1　直立式

直立式山石纵轴及其皱纹线基本上与盆面垂直,山体形象呈直立状态(见图 4-9)。应用这种形式

图 4-7　重叠式

宜将峰嵴线处理成大起大落的起伏变化,以获得生动效果。直立式是最常见的山体构图形式,适合与偏重式、开合式、散置式、独峰式及重叠式等多种平面布局形式结合应用。

图 4-8　散置式

图 4-9　直立式

3.2.2　倾斜式

倾斜式山石纵轴及其皱纹线与盆面成 55 度左右的夹角,山体有一定的倾斜角度。倾斜式常与偏重式布局结合应用,一般分为两种形式:一种是盆内所有山峰都朝同一方向倾斜,具有较强的动势(见图 4-10);另一种是盆内主体山峰倾斜,隔江的客体山峰直立(见图 4-11)。后一种形式应注意客体山峰不应过高,使其仅为主峰的 1/4 左右为宜,若客峰过高,会失去景物的统一性。

3.2.3　悬崖式

悬崖式主山高耸,其上部向一侧伸出作悬垂状,下部虚空,山形常表现为上大下小,重心高而偏向一侧。给人以挺拔险峻之感。应用悬崖式应注意险中求稳,其方法之一是加长与悬垂部分同方向的山脚,使总体上形成不规则的"C"字形;其方法之二是加强悬垂主峰背后次峰的重量以取得平衡。悬崖式常与偏重式、开合式、散置式结合使用,以悬崖式作主峰,客体山峰一般应低于主峰高度的 1/3,以衬托主峰的险峻雄奇(见图 4-12)。

项目四 山水盆景的制作

图 4-10 倾斜式 1

图 4-11 倾斜式 2

图 4-12 悬崖式

悬崖式山水盆景,属于对山的近景的特写,用来反映自然界某一局部悬崖峭壁的惊险之态。盆中通常有两组至三组山石,主山呈明显的悬崖状,置于盆的一侧,山头向中间悬出一部分。

3.2.4 山峦式

山峦式山峰不高,但山与山相互连接构成山脉,如波状起伏。主峰高一般是盆长的 1/5 左右。山峦式最适合与重叠式布局结合应用,也可与开合式结合应用,表现一派远山景象(见图 4-13)。

图 4-13 山峦式

3.2.5 象形式

象形式山水盆景是指山石的体形、轮廓类似于某些人物、动物以至器物形象的造型形式。象形式可以增加山水盆景的趣味性(见图4-14)。采用象形式时,应注意对物象的模仿不能过于逼真,太逼真则无想象余地,会显得庸俗。对物象的模仿应在"似与不似之间"(见图4-15)。

图4-14　象形式1

图4-15　象形式2

3.3　各种形式构图中应注意的问题

3.3.1　主次呼应

在同一个盆景中,山定要有主次之分,才是合理的布局,自然的山峦本也主次有别,可通过大小和高低的错落来区别,让盆景整体更显协调(见图4-16)。制作时主峰只能有一个,主峰不宜居中,否则就会造成呆板的对称山势,不能产生动势,给人郁闷闭塞之感。主峰也不宜居边缘,若在边缘就显得重心不稳。次峰应该有多个,以主峰为中心,向前后左右展开,要相互顾盼,与主峰息息相连,造成众星拱月之势,以达到主次分明、客随主转的艺术效果。后峰要高于前峰,各峰的高矮、大小、姿态又要各异,粗看通体联络,细看峰各有姿。无论主峰、次峰均不能犬齿交叉成尖角形,也不能成金字塔式或成梯形排列,否则就会显得呆板和虚假。

3.3.2 疏密得当

山水盆景在处理各部之间的关系时,切忌等距离排开,要有紧有松、密中有疏、疏中有密,给人的感觉才能是"疏可跑马,密不透风"(见图4-17)。

图4-16　主次呼应

图4-17　疏密得当

3.3.3 力求表现"三远"

山水盆景的创作方法是以"三远"法为准则,它贯穿在整个山水盆景创作过程中,并指导山水盆景的创作,不管任何形式的山水盆景都是以"三远"法中某一种形式出现。"三远"即"高远""深远""平远"。"三远"法源于宋代郭熙著《林泉高致》一书,书中提出了"高远""深远""平远",合称"三远"透视法,此种方法常用于绘画理论中,这是众所周知的。"艺术同源",盆景艺术离不开绘画理论基础,山水盆景创作中"三远"法显得格外重要。

(1)高远式盆景。

高远式盆景常用来表现崇山峻岭、悬崖陡壁、群山巍峨的名山大川之风光,是一种常见的山水盆景款式。高远式的主峰高耸险峻,主峰高可达盆长的4/5,山石可占盆面的3/5,水占盆面的2/5左右。配峰低矮,以衬托主峰之高大挺拔。高远式山水盆景常选用刚直有力的瘦质型硬质山石,用椭圆形或长方形盆钵。为了形成上下呼应,常在山峰下部制造平台,在平台上安置亭、塔、茅屋等配件(见图4-18)。

图4-18　高远式

(2) 深远式盆景。

深远式盆景又称全景式盆景,它把近、中、远三景浑然一体地布置于一盆之中,以表现景致规模宏大、气势磅礴、层次丰富、意境深远。多以一峰为主,群峰夹峙,前后山峰重重叠叠,有隐有现。三组山石在盆中的位置切忌成等边三角形,水面占盆面的 1/2 左右;多用长方形大理石浅口盆钵,盆的长宽比多为 2∶1。只有较宽的盆钵才能使山峰前后拉开一些距离,表现出远山的深远(见图 4-19)。

图 4-19 深远式

(3) 平远式盆景。

平远式盆景多为低矮平缓的远山,延绵不断,无险峰奇石,排列错落有致,主峰高是盆长的 1/5 左右,水面占盆面的 2/3 左右,如山石太多就难呈现水天相连、一望无际的气势。平远式用来表现水域辽阔的江南风光、鱼米之乡的景致。布局时还要注意山脚的处理,特别是水岸线,要曲折多变,若隐若现,切忌平直无奇。在完成整个山石布局以后,就可进行植物配植和配件点缀(见图 4-20)。

图 4-20 平远式

3.4 山水盆景构图中常见的错误

(1)宾主不分:主峰与客峰等高,主次不明,破坏了盆景景物的统一性。

(2)宾主分离:主峰与客峰缺乏顾盼趋向的呼应关系,也破坏了盆景景物的统一性。
(3)重心不稳:主峰过于悬倾,而山脚又无支撑,不能险稳相依,失去均衡与稳定。
(4)主体偏中:主峰位置居中,呆板而无生气。
(5)布局过满:盆内山石摆放过多,显得拥挤不堪。
(6)布局太空:盆内布石过少、过小,内容贫乏。
(7)布局过散:山峰虽有宾主之分,但两者距离过远,呼应关系减弱,破坏了景物的统一。
(8)有实无虚:盆内空间均被山石树木填满,令人窒息。

序号	实 施 内 容
1	判断下列图片中属于偏重式山水盆景的是（　　）。   A　　　　　　　　　　　B   C　　　　　　　　　　　D
2	按表现的内容和形式分,山水盆景可分为哪几种类型?
3	水石盆景和旱石盆景有何不同?
4	悬崖式山水盆景的制作要点是什么?

任 务 分 组			
班级		组号	
组长		学号	

续表

任 务 分 组			
组员	姓名	学号	任务分工

评价环节		评价内容	评价方式	分值	得分
课前	课前学习	线上学习	教学平台(100%)	10	
	课前任务	实践学习	教师评价(100%)	5	
课中	课堂表现	课堂投入情况	教师评价(100%)	10	
	课堂任务	任务完成情况	教师评价(40%)	20	
			组间评价(40%)	20	
			组内互评(20%)	10	
	团队合作	配合度、凝聚力	自评(50%)	5	
			互评(50%)	5	
课后	项目实训	整体完成情况	教师评价(100%)	15	
		合计		100	

任务二　山水盆景的制作

任 务 要 求	
任务内容	本任务主要介绍山水盆景制作流程。
知识目标	掌握山水盆景的制作技法。
能力目标	能够根据设计方案制作山水盆景。
素质目标	通过制作山水盆景,提高学生的动手能力,培养精益求精的大国工匠精神。通过配合完成小组任务,培养学生的团队意识。通过选石、配盆、点缀等操作,熏陶学生盆景文化,提高盆景审美。
课程思政	山水盆景制作的学习中,通过使用各种机具和材料,培养学生爱护工具、保护自然的生态环保意识;增强学生的安全操作意识,养成勤俭节约的良好品德。

项目四　山水盆景的制作

山水盆景的加工制作过程可以分为立意与选石、配盆、石料加工、布局、胶合、整理、种植、点缀、题名、养护等几个程序。其中硬石与软石的加工又各不相同,加工重点也各有侧重。软石主要靠雕琢成型,雕琢相对成了重点;硬石只能在局部小范围进行简单的雕刻,主要靠多块同种、同色、同纹理的山石材料组合成型,组合相对就显得更重要些。因而加工制作时应根据石材的具体情况,不同性质,做不同重点的加工。

1. 立意与选石

山水盆景动手之前必须仔细推敲,才能制作出耐人寻味的艺术佳品。立意,实际上是一个确定意境,并构思、表达这个意境的过程,创作立意是盆景创作的重要的一环。立意是山水盆景创作前的酝酿和思考过程,也是作者确定自己的创作意图和创作动机的过程。在山水盆景的创作中,立意必须具有真实性。只有真实才能表达出真情实感,也才能具有艺术的感染力。立意还应新颖有个性,在模仿大自然崇山峻岭和湖光山色的同时,传达一种精神、一种情感,突出内涵。

山水盆景的立意有两种情况。一种是"因意选材",即制作前已有粗略的构思,再去选择石料的种类、形状和色泽等,然后再认真思考如何下手、怎样切题,而且要达到石料原始性格与所要塑造对象性格及作者个性三者合一。比如当你游览了名山大川,深为祖国峻峭雄伟的山景所感染,产生了创作欲望,想把看到的自然风光再现出来,可选用高耸挺拔的硬质石料(见图4-21)来创作。另一种是"因材立意",即先有了石料,创作者根据石料的种类、形状和色泽等因素来决定创作意图。比如创作者偶然发现一块山石,触景生情,然后根据石料的特点反复琢磨后决定创作意图,再着手进行加工制作(见图4-22)。

图 4-21　高耸挺拔的硬质石料

图 4-22　因材立意

2. 配盆

山水盆景的用盆不同于一般种植用盆,它直接影响整个作品的艺术效果,盆的大小、深浅、厚薄、造型式样、色泽等都要考虑与盆内布局相适宜、相协调。

为了保证配盆与盆景主体保持和谐统一,山水盆景的配盆一定要灵巧精致,如盆沿要矮,盆内要浅,盆面要大(见图4-23)。一般采用无排水孔的水底盆,便于贮水,用来表现江河湖海的浩瀚。水底盆都很浅,除能表现出山峰的高耸雄伟和山麓坡脚的曲折起伏外,还便于安置船、桥、亭、榭等配件,可不必再用其他支撑物,这样既美观、方便,又接近自然。至于浅盆贮水少,山石易干,只要注意经常喷水即可。

盆的大小和形状要根据盆景主体来选择,用盆过大,会使山峰显得矮小而失去气魄;用盆过小,景物则拥挤闭塞,缺乏开阔的意境。盆的形状以简洁大方为好,可以根据造型形式考虑配以不同的盆。一般以长方形最好,其次为椭圆形、异形盆(见图4-24),不可选用正方形、圆形、六角形的盆器。长方盆一般配置高远山水景观,展示其线条硬朗、壁立千仞之势。椭圆盆一般配置平远或深远山水景观,展示其山峦起伏、线条流畅之美;异形盆的使用,可丰富某些特定的主题、意境的表现空间。

图 4-23 山水盆景用盆

图 4-24 异形盆

盆体的色彩一般以浅色为宜。常见的有白色、淡绿色、淡蓝色、淡黄色等。选用时要根据盆景构图的内容和山石的颜色而定,使其能达到调和,同时又有对比。如表现湖水时,盆可用淡绿色,表现江河和大海时可用淡黄色或淡蓝色。深色盆一般不选用,这是因为上水后将无法把水面显示出来。但有时为了与山石的色彩形成强烈对比,或表现夜景时偶见选用。

盆的材质以汉白玉、大理石等材料凿成的最好,其次是釉陶盆,一般不用紫砂盆。特大型山水盆景也可采用水泥盆。名贵的山水盆景用盆多用大理石加工研磨而成,但价格昂贵。

3. 石料加工

石材与盆钵选好以后,无论石料自然形态如何,都要进行一定的艺术加工。加工时,先对选好的石料仔细推敲。如有天生的丘壑,应尽量保留,根据需要,取其所长,去其所短,采用精华的一部分。通过创作者自己的情感、审美,并结合山石自身的特征进行构思,使山石更有动势和韵味。

石料有软石和硬石的区别,加工方法各不相同,加工重点也各有侧重。软石主要靠雕琢成型,雕琢相对成了重点;硬石只能在局部小范围进行简单的雕刻,主要靠多块同种、同色、同纹理的山石材料组合成型,组合相对就显得更重要些。下面分别介绍软石和硬石的加工方法。

3.1 软石的加工方法

3.1.1 锯截

锯截是一种为了获得符合构景要求的精华部位,从体积过大的石材中进行取舍的加工方式,保留需要的部分,去掉不适合的部分,可确定石材的高度,也能将石材底部锯平,以便石材能稳稳地立在盆中。

(1)锯截的目的。

其一,石料过大,盆钵较小,不锯截无法使用。

其二,去粗取精,去除石料中不符合构图要求的部分而选留构图需要的部分,必须锯截。

其三,山底与盆面的接触必须平稳,也必须通过锯截增大山石底部与盆面的接触面积来达到。

其四,山脚的平台,必须用锯截办法得到。

(2)锯截的技术措施。

锯截最关键的是找到最佳锯位,锯位找对了才能获得形态绝佳的石材。锯截前,仔细观察选出的石料,根据立意找出山石的主观赏面和做峰顶的一端,以确定山石的下端,为锯截做好准备。施锯之前,要细细推敲下锯的位置,可在下锯处画线,依线施锯。山石凹凸不平,画线不易画准,可将石料下部浸入水中,使水面刚刚浸到下锯处,在水面的浸渍线上画一条线。按照这种方法画线锯截,可以锯出平整的石底截面。

锯截软质石料比较容易,一般使用园艺手锯即可。在锯截时,锯要拿稳,动作要慢,不可随意晃动,以免锯截位置不准,也可避免折断锯条。宜轻推慢拉,注意保护截面的平整,防止损坏边角。在锯截时,应用厚布、棉纱等包住易断部位再固定锯截,要不断加冷水,以免锯薄片山石会因锯口处发热而胀裂。

锯截同一件盆景内的几块山石时,应注意使每块山石的锯截面与山石纹理之间的角度相同,如主峰截面与其纹理成直角,则客峰、配峰等也都应为直角,这样才能做到统一。锯截时,可多安排锯一些矮山、小坡、小平台等材料,以便在组合布局及处理坡脚、水岸线时挑选运用。

锯截中为了确保山石的姿态,除了合理的画线、得当的锯截外,习惯上近景锯截角度要前倾(向侧前方倾斜),远山可垂直(以山的中心线或山后的边线)。

(3)锯截的注意事项。

其一,量好尺寸,做好标记。盆有多大、山有多高,应该度量一下,然后在石头上做上标记,这有利于准确锯截,避免盲目施工。为了防止画线失误,初学者可将全部入选石料,按构思布局竖于与盆钵大小相近的沙堆上或报纸上,反复挪动位置,按设计图或腹稿确定山石的位置,寻找最佳画线部位。

其二,石料固定。石料不固定,滚来滚去,没法锯准。可用手扶脚踩,或用铁丝、绳子固定在工作台上。

3.1.2 雕凿

锯截后的石料,色有深浅,纹有粗细,形有巧拙,应加以雕凿加工。软质石料由于大多不具备天然纹理和自然成形的外轮廓,故多依赖人工雕琢。雕凿是松软石材的加工重点,加工后的形态力求自然,虽由人作,宛自天开。一块乃至数块平凡普通的山石材料,经创作者精心加工雕琢,就可成为皴纹丰富而又自然的山峦形状。

(1) 山形常识。

山形是指山的总体形状。大自然的山有各种形貌，一定要多观察真山，多观摩山水画及照片等，必须有大量的感性知识才行。主要有峰、岭、崖、涧、瀑布、峦、坡、峡等几种表现形式。

(2) 皴法常识。

不同地貌中的山具有不同的纹理外观，在雕凿时一定要注意皴纹的选用应当与所表现的地貌特点相一致。中国山水画中的部分传统皴法可以作为雕凿皴纹时的参考。在山水盆景中常用的皴法有披麻皴（见图4-25）、折带皴（见图4-26）、卷云皴（见图4-27）、斧劈皴（见图4-28）等。披麻皴常用来表现不太高的山峦。卷云皴宜表现苍老的山峦。折带皴主要表现水成岩的山岳，特别是崩断的斜面，其转折的地方就像折带一样。斧劈皴状如斧劈刀砍留下的痕迹，适于表现高耸的山峰。披麻皴和卷云皴常用于软石类，折带皴和斧劈皴常用于硬石类。

图4-25 披麻皴

图4-26 折带皴

图4-27 卷云皴

图4-28 斧劈皴

在同一盆景中，为了画面的统一，常常以一种皴法为主，而辅以其他皴法作为对比和变化。雕琢时，对本来没有明显纹理的石料，如沙积石、江浮石、海母石等，采取上述皴法极易奏效。而有的石料，原有天然纹理可以利用，不必拘泥于某种皴法。运用皴法雕琢还要注意近景、中景、远景的区分,远观其势,近观其质。

(3)雕凿工具的使用方法。

雕凿常用的工具有小山子、錾子、锯条、雕刀、钢丝钳等。

使用小山子时,应主要依靠手腕的运动,手臂基本保持不动,这样可提高凿击的准确性。为避免损坏山石,加工山峰及山腰时应从上向下凿击,而加工山脚时应从下向上凿击;山石薄片处不宜横向凿击。有些软石如沙积石内部质地不均,应根据其内部层理特点决定凿击方向。凿洞时应从山石两面相对凿击,且不宜直线相通,而要弯曲连接,使人不能一眼望穿,以达到藏景的目的。

錾子比小山子容易掌握凿击的准确性。但因无法用手扶握山石,为防山石表面损坏,可将山石半埋于沙中固定,然后凿击。

锯条拉割是加工石面直纹和条柱形山峰的常用方法。

雕刀主要用于精加工,在基本山形已定的石坯上进行,使皴纹更逼真。

钢丝钳夹咬加工是雕凿技术的一种补充手段。当一些硬石的轮廓不理想,且用一般雕凿方法易损坏石材时,可用钢丝钳一点一点地夹咬山石边缘轮廓,可收到理想效果。

(4)雕凿的步骤。

雕凿的原则一般是先轮廓后皴纹、先大处后小处、先粗凿后细凿。步骤如下:

第一步:全面观察。

雕凿时要先对整块石头进行全面审视(见图4-29),根据石头的自然纹理,观察哪些部位适宜雕凿洞穴、峰峦、峡谷、岗岭、斜坡、悬崖、峭壁等,做到心中有数。

第二步:轮廓雕凿。

轮廓雕凿(见图4-30)即把要表现的山峰形态大致轮廓加工出来,包括主峰、次峰、配峰、坡脚等。一般用小斧头或平口凿砍凿,这和绘画时打轮廓一样,只追求粗线条和大体形状。轮廓雕凿要劈出不同山形前后、左右、高矮、疏密、肥瘦的基本层次,直接影响到整个盆景的山石造型,因此轮廓雕凿这一步很重要。山石大轮廓要放远一些观瞻,整体造型效果才能显示出来。加工应先肥后瘦、先大后小、先高后低、由粗到细,不可急躁,思考要周密,加工要胆大心细。虽然是大体轮廓,但对每一镐都要仔细斟酌,这是作品成功的基础。

图4-29 全面观察

图4-30 轮廓雕凿

雕凿时宜先雕主峰,主峰形状确定后再雕其他次要山峰。不同地貌中的山形有着不同的轮廓特征,同一盆景中的山峰形状应符合同一地貌的轮廓特点,这样才能达到统一的效

果。山峰形状在统一的前提下还要求有变化。因此,同一盆景中各个山峰的形状不能雷同;每个山头的形状都不能对称,左右要有变化;同一座山的山腰线要一面长一面短,坡度要一面陡一面缓;主峰一般不能居中,如确需居中,其左右两边应不对称。山形轮廓的雕凿还要做到师法自然,使山形符合自然形态。山峰不能如犬齿般尖锐或如刀山剑树般林立,也不能平齐如截顶,因为这些山形在自然界极为罕见。山腰线也要自然流畅,活泼生动,以烘托山峰的美。山脚线在盆面上要有明显的凸凹变化,应大弯小曲相结合,呈不规则弯曲,避免呈直线或规则曲线。山的正面形状一般应比侧面和背面雕得细致复杂些,凹凸变化要更强烈。但如果是用于四面观赏的山水盆景,山的背面的美也不容忽视。

第三步:皴纹雕凿。

皴纹是山体表面起伏转折及沟谷变化所形成的纹理。大致的外形轮廓确定以后,就要对内部纹理进行雕凿,以使山体形象丰满、生动。

小型石料一般用手拿着雕凿,大型山水盆景的石料则必须放在平台或桌面上加工,并要正确使用工具。软石细部加工,多用小山子(或用螺丝刀代替)敲刻,或用钢锯拉,或用雕刻刀雕凿。对于不同的软质石料要分别对待,如质地不匀的石料(沙积石等),雕前可先轻轻地试探一下,然后再根据其软硬程度来用力,否则石料疏松处如用力过大,容易出现大块碎裂。

通过雕凿可加工出栽种植物的洞穴和山石的纹理沟槽,一般按"顶部、上部、中部、下部"的顺序完成。最后还要对重点脉络部位做进一步的夸张处理。可采用废旧的锯条斩成斜断口,利用尖头及锯齿进行刻、拉处理,区别于其他线条脉络,使主次对比更强烈。最后用砂轮将全山凹凸之处轻轻磨过,去其"火气",使其线条更柔和自然。

如果石材原有的自然石面有着较好的皴纹,应尽量保护自然的石面与皴纹。对于只有少量自然皴纹的石块,可仿照自然皴纹进行雕琢,使整个石块具有完整的皴纹,而不必毁掉自然皴纹雕凿另一种皴纹。人工雕琢皴纹要繁简适当,太繁则显得做作,太简则石面笨拙平庸,内容贫乏。同一盆景内,近山宜繁,远山宜简。同一座山,正面宜繁,侧面、背面宜简。皴纹深度要有变化,主纹深,侧纹浅;山凹处纹深,山脊上纹浅。从皴纹的断面看,分布多为V形断面,少数应为深槽形。皴纹的断面一般不宜呈现U形。皴纹在石面上分布应是多样化的统一,既有统一的线形特征,又呈变化多端的分布状况,与自然皴纹的分布情况尽可能相同。

对于不同造型的盆景,雕凿方法也不尽相同。一般山峰皴纹雕凿的刀法是由低而高、由前而后,一条条雕上去,形成一层层山峰。每一条皴纹的刀工就像用毛笔一笔笔画上一样。对于悬崖处,雕刻的刀工方向多是由上而下、由外而内,而且要特别当心,越到后来越要小心地轻轻雕凿,以防止悬崖断裂。

第四步:消除痕迹。

石料雕凿加工后,应消除人工痕迹,可用钢丝刷顺皴纹方向刷动,以消除生硬的线棱及凿击时留下的白点等,使旧石面与雕凿后的新石面颜色一致。也可用烟熏、强酸腐蚀等方法消除人工痕迹。

3.2 硬石的加工方法

硬石的加工不同于软石,软石可以通过雕琢成型,而硬石由于质地坚硬,加工困难,因此只能进行局部小范围的简单加工。但是硬石纹理较好,自然形态奇特,质地坚固耐久,因此是制作山水盆景的上乘材料,很多好的山水盆景都是由硬石制作而成的。硬石山水盆景加工较少,其成型主要靠立意与选石、布局、胶合等一系列工艺完成。

3.2.1 锯截

硬石一刀定局,锯的好坏是作品成败的关键。因此锯前要反复测算、比较,要有正确合理的画线(见图4-31)加合理的锯法,才能符合设计要求。如果没有画线就锯截,很有可能达不到设计要求,此时再重新锯截,作品会逊色,或只能大改小,浪费了材料,甚至有可能会报废。

锯截硬质石材一般用钳工钢锯或使用金刚砂轮锯(见图4-32)。锯截时手一定要稳,使金刚砂轮锯锯片保持直立状态,以免锯偏。锯截速度要慢,以防刀锯抖动,使石料裂碎。锯截争取一次成型,第二次锯截会加大难度。在锯截的过程中,金刚砂轮锯与石料由于摩擦会产生大量的热量,因此一般一边锯截,一边用水枪向锯截的部位喷水冷却。

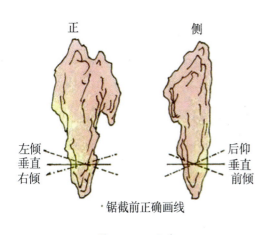

图 4-31 画线　　　　　　　　　图 4-32 硬石锯截

锯截时还应根据不同山石的特点采用相应的方法。例如:锯薄片山石会因锯口处发热而胀裂,锯时要不断加冷水,速度也不宜太快;芦管石等脆性石材,应用厚布、棉纱等包住易断部位再固定锯截;斧劈石等硬石,有时锯截后再雕凿易断碎,可先将石材一端或两端雕凿成型,再在适当部位锯截。龟纹石、英石等硬石还可用煅烧法分割大石,其方法是将山石放在炉火中烧至一定高温后,取出立即浸入冷水中淬火,然后轻轻敲击或轻摔,即裂成几块。煅烧的火候是关键,煅烧过度分割太碎,煅烧不足则分不开,应在实践中摸索每种石材的适宜火候。斧劈石等层理较强的石材,可用凿子将其分成更薄的片层。

硬石的布局和锯截是同时交叉进行的,先立主峰后配客山,边锯边布局边修改调整,使之高低、前后、大小、厚薄、宽窄符合构图布景要求,待锯截完毕,造型即完成。有的石料在不同的部位有不同姿态,可对不同部分进行基本造型后分别切开,以便更好地造型,节省石料;还有些长条形的石料,可将其一分为二,一大一小、一高一矮,高者为近峰,矮者为远山,如斧劈石、石笋石等。

3.2.2 雕凿

硬质石料质地脆硬,雕琢不易,常常不雕或把雕凿当作一种辅助措施。如果由于纹理缺陷等原因,确需雕凿时,一定要注意与石料原来的纹理一致,确保石料的自然观赏性。有些硬石只能做外形轮廓的粗加工。如斧劈石,可用平口锤或钢錾轻轻敲凿,然后用砂轮打磨,除去尖楞棱角,使峰形自然柔和。但皴纹多利用石料的天然纹理,很少做雕琢加工。

硬质石料在雕凿之前,常常将锯好的石料放入清水中清洗,去除石料表面尘土等,用毛刷刷洗一遍为好。这样做既可以使石料表面的纹理更加清晰，又可以增加将来胶合时水泥的硬度。

硬质石料主要用钢錾或手工锤敲凿，凿时用力要适度，凿子顺着石纹移动，宜小不宜大，不能操之过急。宁可增加凿的次数，否则石料会出现一片片碎裂。植物种植槽也应在雕凿中考虑进去，多留在山侧凹进去的部位或山脚乱石、平台之后，也有留在山背面的。

3.2.3 腐蚀处理

在以下三种情况下可采用腐蚀方法处理山石。

其一，想造成一种特殊意境和特殊环境（如梦境或雪景），而采用稀盐酸或稀硝酸对石头表面进行腐蚀处理，以达到预期的艺术效果。

其二，石料经雕琢后容易留下人工痕迹，一般情况常用钢丝刷刷去残迹，如果雕凿痕迹重，不自然，可稍加腐蚀，再用清水洗净，可使其面目一新。但多数石料经腐蚀处理后，显得石色枯燥，光泽消失，天趣不浓，如英石、钟乳石不能用酸腐蚀，否则会使得其面目全非，使其原有纹理破坏严重。故此法非不得已时，是不可滥用的。

其三，使用燕山石制作山水盆景时一般要对石料进行腐蚀处理。燕山石原始石料表面纹理不明显，但是用稀盐酸浸泡后会显现出形态各异的优美纹理。

此外，由于盐酸、硝酸腐蚀性强，腐蚀石材时要多加小心，防止发生事故。腐蚀处理后，一定要用清水把石料表面沾着的稀酸残液清洗干净。

4. 山石布局

山石布局就是将加工好的山石按照一定的原则布置在盆中，使其在整体上构成和谐统一的景观。山石布局是山水盆景制作过程中的一个重要环节，相当于绘画中的构图，但它是立体的，因此必须考虑到多种不同角度的造型。

山水盆景的布局包括山石、树木和配件的布局。山水盆景以山为主体，但山上若无草木，则无生气，需在恰当的地方种植草木，这也就是"林木为衣，草为毛发"。而水则是血脉，盆中薄薄一层水，就能表现出江河湖海，足见"水不在多，有水则灵"。再以亭台、房屋、桥梁和船只等点缀其中，一幅立体的山水画便呈现在眼前（见图 4-33）。

图 4-33　山石布局

山石布局时,应先将加工好的山石集中起来仔细观察,根据立意要求和材料特点全面考虑,包括布局的形式、主峰的位置、配石的安排、水面的处理,以及植物的栽种、配件的放置等问题。加工好的山石在布局过程中,如果发现有不合要求的地方,可以重新加工或者调换。因此,山石布局和石料加工往往是交替进行、不可分割的。

4.1 山石布局的内容

山石布局的内容一般包括两个方面,一是把小石拼合成大石,二是把若干山石组合成一个完整的景象体系。

4.1.1 小石拼大石

小石拼合成大石是为了对山体加宽、加厚、加高等。例如主峰过矮又无大石料时,可拼接一块底石以增高;主峰过瘦可拼接一片石加厚;主峰无层次变化时,可在其两侧各拼合一峰石,使其高低错落。表现悬崖,可拼合一块倒挂石。表现洞穴,可在两石中间夹一悬石等。

拼合时应注意接石的质地、颜色、皴纹及轮廓都要一致。一般硬石不与软石拼合,皴纹粗疏者不与细密者拼合,轮廓瘦劲者不与浑圆者拼合。拼合时还要注意皴纹线的伸展方向也要一致。拼合完成的石块,可用铁丝固定,以便胶合。

4.1.2 景象体系的组合

景象体系的组合是最终确立每块山石在盆中的位置、形象的过程。组合时要按照构图设计进行,并遵循统一与变化、均衡与动势等盆景构图的一般原理。

4.2 山石布局的要点

主峰是盆景制作的重心,在山石的布局中,首先要确定主峰的位置。在山水盆景中,主峰一般不宜放置在盆的正中,也不宜放在盆的边缘,前者显得呆板,后者显得重心不稳。通常以在盆长的三分之一(或三分之二)处为宜,也可略偏前或略偏后。主峰应有明显的方向性,如向一面倾斜,则必须在这个方向上留下空间。主峰确定后,便可安排配峰。配峰的形态、位置应考虑整体造型的需要,讲究气势、韵味和对比关系。配峰与主峰在风格上要统一,在形状、体量上要有变化。配峰本身不可突出,保证"客"不欺"主"、"客"随"主"行,以免喧宾夺主。主峰前面可以胶合一些比较矮并有一定姿色的小石,以增加层次,称之为次峰。配峰用石比较小,数量也相对比较少,但也要高低错落,有层次感(见图4-34)。

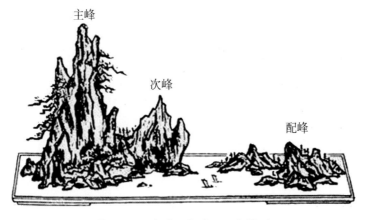

图4-34 主峰、次峰、配峰排列

在山水盆景中,挺拔雄劲的山峰应以直线为主,以表现阳刚之美;低矮、外轮廓比较圆的峰峦应以曲线为主,以表现优雅的曲线美。盆景中所有的山石必须在风格上统一,但山形、大小又必须有所变化。在布局中,须做到有疏有密,疏密得当,疏中有密,密中有疏。山水盆景要力求表现出"三远"(高远、深远、平远),即把高度、深度和远度表现出来。山石布局时,要处理好"露"与"藏"的关系。山水盆景中的空白处理也很重要,空白处也是画面的一个重要组成部分,它在盆景中所占的面积大小,对整个布局效果起着重要作用。

4.3 山石布局的禁忌

4.3.1 忌纹理色泽不一

同一盆景中的山石的纹理和色泽应尽可能地相似,使全景和谐、自然、浑然一体(见图4-35和图4-36)。

图4-35 纹理不一　　　　　　　　　图4-36 纹理色泽一致

4.3.2 忌盆满为患

山石布局讲究虚灵、透气。注重虚实相生,疏密得当。如盆中山石塞满(见图4-37),山上树林密布,就会显得臃肿、呆板而失去生机。因此峰与峰之间要有过渡空当,盆面要留出适当比例的水面(见图4-38)。

图4-37 盆满为患　　　　　　　　　图4-38 适当留白

4.3.3 忌比例失调

山水盆景是缩小了的山水自然景物在盆中的艺术再现。由于受材料、表现形式等客观条件的限制,允许有适当的夸张,但一定的比例关系还是要遵循的。山水盆景中各种景物之间的比例协调,能使作品合乎自然情理,达到小中见大的目的(见图4-39)。

4.3.4 忌各自为政

山水盆景中的主峰与配峰以及栽种的植物等景物,都是一个整体中的组成部分,它们之间应相互照应、顾盼生辉,而不是各自为政的"凑合"(见图4-40)。

图4-39 协调统一　　　　　　　　图4-40 各自为政

4.3.5 忌重心不稳

作品在追求动势时若处理不当往往会产生山峰重心不稳、摇摇欲坠的状态(见图4-41)。制作时为避免出现这种情况,要使主峰的倾斜度适当,不可太过。

4.3.6 忌山脚平直(见图4-42)

一盆山水作品除了要有山峰的险峻奇秀之外,还要有山脚的蜿蜒曲折变化,才能使整个画面景观丰富多彩。山脚与水面相连,通过山脚线的曲折多变,可使水面萦回,产生动感。

图4-41 重心不稳　　　　　　　　图4-42 山脚平直

布局完成以后,盆内的山水景象就基本确定了。这时要记下各景物之间的相对位置,或绘出平面草图,以便胶合时照图施工。为防止胶合时石料错位,影响后期效果,可以给石料按主次关系编上号,并用笔大致在盆中勾画出山石的位置轮廓,给以后的胶合工作做一个参考。如果胶合时在盆底铺衬纸,为防止衬纸遮挡山石位置记号,则铺衬纸工作应在布局前完成;如果铺的是塑料布,此项工作则可以在布局之后、胶合之前进行。当确信不会错乱时,即可把全部山石刷洗干净,以保证胶结牢固。洗净后待稍干不流水时即可进行胶合。

5. 胶合

胶合是将布局好的山石黏合固定的过程。胶结的目的就是要将布局好的造型完整地保留下来，也可以通过胶合将损坏的部分修补好。另外，有些山石材料存在一些不足和缺陷，也可以通过胶合使其更完美。

5.1 胶合材料

在山水盆景的制作中，利用整块山石加工成景的太少了。一般都是将若干块小石块组合后形成一个整体，但这样形成的盆景容易错位而失去原来的风韵。为了使这些分离的山石形成一个整体，可以用胶合剂将其固定下来。常用来做胶合剂的材料有三种。

第一种是用高标号的水泥与细沙按 3∶1 的比例混合后形成的水泥砂浆。水泥砂浆胶合常用 300～500 号水泥，水泥中加入 107 胶反复搅拌可增加其黏合强度。如果胶合硬质山石，细沙的比例可相对小些。这种胶合剂价钱便宜，比较常用，缺点是接缝较厚，而且相对粗糙。

第二种是环氧树脂。用环氧树脂胶合，接缝很小，几乎看不出来，但价钱较贵，因此很少应用。在对微型山水盆景进行胶合时，必须用环氧树脂做黏合剂。

第三种是白水泥。胶合的材料以白水泥最为经济适用，白水泥的价格介于以上两者之间，来源比较容易，而且便于加入颜色，形成与山石颜色相近的胶结物，可以使胶结效果更自然。如果要增加水泥胶合强度，还要加入适量的 107 胶水。

5.2 胶合内容

胶合内容主要有石间胶合与石底胶合。

5.2.1 石间胶合

石间胶合常用于小石拼大石及山石的断裂连接。

（1）小石拼大石。

小石拼大石胶合时，可先在两块山石胶结面涂上适量水泥，并贴合在一起轻轻磨动，压缩水泥为一薄层，再用铁丝捆扎固定。捆扎后可用小刀刀尖挑上水泥沟抹缝口，并刮除多余水泥，用毛笔蘸清水洗去缝口以外的水泥痕迹，最后在缝口表面撒上一层与接石相同石质的石粉并轻轻压实。

（2）山石断裂胶合。

山石断裂胶合时，如果硬石断裂或软石左右断裂，可直接将断裂部位胶合即可。如果软石上下断裂则不能直接胶合，否则水泥层会阻断上部山石吸水，造成山石下深上浅的颜色变化。这时可将两断面中央相对位置凿洞，洞中放泥土按实，再将洞周围断面上抹上水泥胶合，这样，靠中间泥土连接上下水道，可保持山石上下颜色一致。

5.2.2 石底胶合

对于石底不平、不能自立于盆中的山石必须进行石底胶合，以便使其在盆中稳固竖立。石底胶合又分为垫纸胶合与不垫纸胶合两种方法。

（1）垫纸胶合。

在胶合之前，如果不想让石材和盆面胶结在一起，可以在盆面上铺上一层报纸做衬纸，然后用喷壶向报纸上均匀喷水，使报纸与盆面接合紧密。也可以用塑料布代替报纸，先向盆面喷水,然后铺上塑料布,用手轻轻将塑料布撑平,防止气泡产生。

铺好后再在山石底部涂上黏稠水泥,水泥要稍厚,然后把山石立于预定位置上,稍用力下压,从石底挤出多余水泥并清除。如石底缺口较大,可填入碎石块。胶合后,用小刀轻刮石底边缘的水泥缝表面,使其与底边形状吻合。最后撒上石粉,按实。

(2)不垫纸胶合。

在山峰重心高、悬险倾斜、动势强的盆景中,石底必须粘在盆面上山石才能立于盆面,因此,胶合时不应垫纸,而将山石直接粘在盆面上。其技术要求除石底不垫纸外,其余与垫纸胶合相同,但应注意因山石不能自立,应给予支撑,待粘牢后再撤去支撑物。还应注意不能让水泥污染盆面,要及时擦净。

5.3 胶合注意事项

5.3.1 拼接面要清洗干净

胶合之前要先将石料清洗干净,特别是需要胶合的拼接面。

5.3.2 胶结必须留出吸水线路

软石一般以完整的为好,如果有特殊情况需要由多块山石胶合组成的话,注意只宜竖接,不宜横接,横接易切断水源,使水分不易上升到顶部。软质石料需要能够吸水以供山石上栽植的植物所需,因此胶合时必须留出吸水线路,防止中间隔绝水分,造成石的上半部分断水,影响植物生长。如果特殊情况需要横接时,可以在山石的中间填上青苔,四周用水泥胶合好,也可以保证水分供应。

5.3.3 胶结的厚度要合适

胶结的厚度要合适,太厚会加大山石之间的缝隙,不易嵌匀;太薄在勾缝时易挂滴,污染石面。在进行胶合时,将要胶合的接触面上均匀地抹上水泥沙浆,再上下左右轻轻对磨一下,保证缝隙中的水泥均匀吻合,并立即用刀片刮去多余的水泥,不足之处补上,必要时应立即做出相应的纹理,使表面光洁。

5.3.4 使接面与山石浑然一体

胶合完毕后,要对接缝进行处理。可用白水泥加上颜料调色勾缝,也可以用同种山石的粉末撒在接缝的水泥上,刻出各种纹路,使拼接面与山石表面看起来浑然一体(见图4-43)。

图4-43 接面与山石和谐

5.3.5 防止与盆底粘连

将清洗干净的山石放于阴凉处晾干，准备胶合。先将一张纸用水打湿，铺于盆底作为垫底，以防止水泥与盆粘接。如果山石的底部不平稳，可用水泥抹平。用软石制作盆景时，由于软石易磨损，则必须在软石底部抹一层水泥，防止搬动和摩擦时造成石底损坏。

5.3.6 衬纸要匀贴

胶结时如果在盆面铺衬纸，一定注意衬纸要匀贴，因为衬纸干后收缩变形很大，小的石缝会被拉裂。除了铺的时候要尽量平整外，还要经常向衬纸喷雾保持湿润，直到水泥硬后能移动为止。

5.3.7 预留洞穴

硬质山石在胶合时要注意留出大小适宜的洞穴，以备日后栽种植物。为使所留洞穴空间在胶合时不被水泥砂浆侵占，最好在胶合前，用纸包裹湿泥放于洞穴，等胶合牢固后再将纸和泥土挖出。

5.3.8 重视坡脚小石的处理

胶合时一定要特别重视坡脚小石的处理，坡脚小石不大，但在山水盆景中表现意趣的作用不小。为使盆景自然、虚实得当，在盆面上疏密、间距不等地放置几块大小不一的石块（见图4-44）。

图4-44　重视坡脚小石的处理

胶合完成之后，将锯截时产生的粉末撒在山石的胶合处，使其更自然。胶合几小时后，放荫蔽背风处，每日向山石喷水2次，因为水泥凝固过程中需要一定的水分。凝固阶段不要搬动或振动，以免影响胶合效果。小型山水盆景胶结3天后，中型山水盆景胶结5天后可基本牢固成型。等胶合牢固后，去除盆面纸张，可向报纸上喷水，使其湿透，用手将报纸沿盆景边缘撕去，即可进行下一步操作。

6. 修饰

山石胶合完成后，为了使其更富有生活气息和真实感，还应对其进行一番修饰。修饰的内容主要包括加工痕迹的处理、山石染色等。

6.1 加工痕迹处理

加工痕迹主要是锯截痕、雕凿痕、水泥污迹等，这些痕迹在加工过程中就应清除。胶合完成后，若还有明显的加工痕迹，应再进行打磨、烟熏等处理。对墨色或深灰色硬质石料，可

用自行车上光蜡,略加一点黑色鞋油,将二者混合均匀后,涂在山石加工痕迹处,并用干布擦几遍,即可消除加工痕迹。

山石胶合牢固的,要剪掉露在石外的捆扎铁丝,并冲洗掉水泥缝表面的浮沙。为种植植物,山石最好在淡水中浸泡几天,以去除水泥或山石的碱性。

6.2 山石染色

为了使山石显得古朴庄重,色彩与表现的主题一致,可以通过染色技术对山石的色彩进行改造。另外,还可以通过染色来使接缝与山石的颜色相一致。

6.2.1 硬石染色

(1)烟熏法。将山石放在柴火上让烟尘熏烤。熏烤后的石色光亮自然,古色古香,不会褪色,通常用于硬石的染色。

(2)油漆染色法。油漆染色讲究色泽淡雅。用稀释过的油漆平涂于山石表面后,立即用干净的纱布擦拭。根据设计出的层次、主次和明暗变化,适当增减油漆,使其自然逼真、层次丰富。

(3)颜料染色法。运用水彩、油彩等对山石进行染色。方法是:调配颜料成所需要的深浅,平涂在浸湿的山石上后,立即用纱布擦拭。掌握凸颜色浅、凹颜色深,上部颜色浅、下部颜色深的原则。待干后审视色彩效果和层次变化,直到满意为止。干后可喷上液蜡作保护膜,使其明暗对比效果明显自然。

6.2.2 软石染色

对于软石类山石,可以仿效水彩画的画法,采用多次上色的方法染色。在染色之前,先将要染色的石料浸湿,沥去多余水分。再将较浅的色彩平涂在湿石上,形成一层薄而均匀的底色。然后分几次对需要加深的部位加深色彩。上色时要注意先浅后深,从下向上,逐步进行。还可以对山石喷松香、酒精溶剂,保护其颜色不褪。

软石可用绿球藻染色。绿球藻一般生长在温暖、潮湿、半阴的地方,将其刮下调成糊状涂抹于山石上,由浅入深,自下而上,从凸到凹,逐步渲染。绿球藻着色力强,不遮没山石纹理,不褪色,颜色自然,为理想的染石涂料。用时要选新鲜的绿球藻,老化的绿球藻颜色黑暗,效果不好。

7. 植物配植和配件点缀

在山水盆景中配植植物,使山石得到绿化,可使盆景充满生机。山水盆景中如无植物种植,就会如荒山秃岭,缺乏美感与活力。配件的点缀则可增添盆景的生活气息,增加盆景的真实感。清代画家汤贻汾在《画筌析览》一书中写道:"山之体,石为骨,树木为衣,草为毛发,水为血脉……寺观、村落、桥梁为装饰也。"这种比喻,形象地说明了山水、草木及点缀物之间的有机联系。因此,植物和配件是山水盆景中不可缺少的重要组成部分。

7.1 栽植植物

7.1.1 植物选择

山水盆景的植物点缀要根据题材、山形、布局以及石种等因素综合考虑,选择植物时应注意植物、山体、水体之间的体量比例关系。植物矮小,才可衬托山之高大,因此在植物的选择上常选用终年常绿、叶细枝矮、根系发达、适应性强、生长缓慢、易于管理的树木。中小型山水盆景也可以草代树。

常用的木本植物有五针松、小叶罗汉松、真柏、地柏、瓜子黄杨、珍珠黄杨、六月雪、杜鹃、虎刺、榔榆、雀梅、小叶女贞、龟甲冬青、石榴、金雀、福建茶等。

常用的草本植物有兰花、小菊、文竹、半支莲、虎耳草、酢浆草和蒲草等。

此外,在可以吸水的山石上,青苔的种植是不可缺少的。

7.1.2 栽植时间

一般全年均可栽植,但以树木落叶后至发芽前的休眠时期或梅雨季节(南方)为好。夏季栽后要避免阳光直射,注意遮阳;冬季注意避风保暖。

7.1.3 栽植方式

植物栽植时应符合自然规律,并与盆景的意境表达相一致(见图4-45)。如高山顶上植树,应种植矮小结顶、枝干弯曲并耐旱的树种;山腰则宜种植悬垂式耐旱树种;山脚水边应选喜湿性树种。另外还要注意用树木遮掩山形的不足之处。栽植的方法主要有石缝种植、种植穴种植、棕包栽植三种。

图 4-45 植物配植

(1)石缝种植。

石缝种植一般要选里宽外窄的缝隙,填土要适宜,过少不利于植物生长,过多又容易污染盆面。可选需土少的植物种植。

(2)预留种植穴种植。

预留种植穴是在加工山石时预留的洞穴,分开放式和封闭式两种。

开放式种植穴口大底小,适用于不易加工的硬石类,一般设在山峰的背面、侧面或缓坡,不宜设在正面显眼处,以避免栽种植物后遮掩山形及纹理之美(见图4-46)。穴边可用铁丝做成环形并用水泥胶合牢固,用以扎缚树根或捆扎棕包。栽植方法是:根据穴的大小,剔除植物根部部分泥土及部分根系,放入穴内并使根系舒展,摆正植物姿态,填入营养土并用竹签揿实,少喷一些水使土面略湿,再覆盖苔藓并浇一次透水即可。

封闭式种植穴呈口小腹大的罐状,适用于易于雕凿的软石类盆景,与开放式种植穴不同的是可设在山峰的正面(见图4-47)。由于口小,种好植物后不现种植穴,植物也栽得稳当,不易倾倒。在封闭式种植穴内种植植物时,先把根系拢成一束,再将细铁丝的一端固定在茎干上,用细铁丝从上到下将根系缠紧,然后将细铁丝的另一端穿入穴内,并从排水孔穿出,再把根系拉入穴内。最后,松开固定在茎干上的铁丝上端,把铁丝从下部抽出,即可使根系在穴内舒展开。封闭式种植穴在填土时可用纸围成漏斗状,将土灌入并用竹签揿实。

图 4-46 开放式种植穴　　　　　　图 4-47 封闭式种植穴

种植穴可雕凿而成,也可用小石拼接而成,不论用哪种方法,也不论是硬石还是软石,无论封闭式或者开放式,种植穴下部都要留出排水孔,以利于排出穴内过多的水分,利于植物生长。

在有些山水盆景中,种植穴位置较高,或者石质脆硬妨碍吸水,造成植物经常性的供水不足,不能正常生长。为了解决这一问题,可在山上安装吸水芯,用棉纤维等吸水强的材料,卷成松紧适宜的铅笔粗的芯作吸水芯。吸水芯的下端垂入水盆中,上端从山峰上部种植穴的排水孔钻到种植穴内,填土压实。利用吸水芯的吸水作用,盆水可不断地被吸到种植穴的培养土中,并且保持均匀持续供水,省去管理上的许多麻烦。吸水芯要装在隐蔽处,可利用山石的孔道或石面的深槽安装,最好外面不见吸水芯。

(3)棕包栽植。

植物也可用棕片包裹根系做成棕包,再固定在山石上。一般应用于硬石类山水盆景。

棕包的制作方法是:首先把棕片摊平,抽除中间的硬筋,中间撒上细土,将植物脱盆并去除部分根部泥土和部分根系,把植物放在棕片上,四周加营养土。然后用棕片包起根部和培养土,稍稍捏压紧实,向内卷进棕片边并扎紧成球状,即做成了棕包。再把棕包靠贴在山峰背面的种植穴里,用细铁丝紧紧地扎在种植穴周缘预埋的铁丝环扣上,校正姿势角度,从上面对棕包浇水即可放到荫蔽处养护。

7.1.4 铺苔技术

铺苔技术是盆景盆面装饰常用的手法(见图4-48)。在山水盆景中,滋养青苔可消除斧凿痕迹,使山石青润可爱,生命气息浓厚。铺苔要掌握不可太多太满的原则,滋养青苔的重点部位一般在山脚、山谷和山的阴面,石形好、皱纹好的部位不宜滋生苔藓。铺苔的方法主要有嵌苔法、接种法及自生法等。

(1)嵌苔法。

将室外阴湿的墙角、林下或其他潮湿地方生长的苔藓(图 4-49),用利铲薄薄产下一层待用(见图 4-49)。在欲铺设苔藓处刷一层薄泥浆,然后贴上事先准备好的苔藓,贴合一定要紧密,贴好后放于背阴处,每天喷水 2~4 次,数日后便可成活。

图 4-48　铺苔

图 4-49　取苔藓

(2)接种法。

将收集的苔藓除去杂质后放入容器中,加入适量稀泥浆,将苔藓轻轻捣碎成糊状,用毛笔蘸取做好的泥糊涂抹于山石适当位置。苔糊是绿色的,涂抹的厚薄可依照颜色深浅来判断。涂好后将山石置于荫蔽处,每天喷水,保持山石湿润,1~2 周后,苔藓孢子在阴湿的环境中迅速繁殖,很快长出茸茸的苔藓。若在干燥、多风的地区或较冷的季节,可加盖塑料罩保温保湿,可适当透照阳光,苔茸会很快繁殖生长(见图 4-50)。

(3)自生法。

雨季将山石放在树下或其他较阴湿的地方,让雨水自然淋湿山石,经一段时间便能自然生苔(见图 4-51)。

图 4-50　接种养苔

图 4-51　自生法养苔

7.1.5　植物配植要注意的问题

(1)比例。

石上栽树,不宜过大,"丈山尺树寸马分人",否则树木高大,压倒山峰,喧宾夺主,峰成顽石。

(2)态势。

山中树木并非一样,应随环境而变。悬崖树木倒挂,山峦丛林层叠,河溪杨柳临水,峰巅老树悬根露爪,还要与山石走向一致,以助山石动势,强化节奏,推波助澜。

(3)位置。

位置得体,引人入胜。要为主题服务,或衬托主峰,或加强透视效果,或加强组景间呼应,或增加层次或分隔空间等。

(4)数量。

数量要以少胜多。少则简洁,多易繁乱,甚至喧宾夺主。总之,植物配植不可没有,要收到点题之功。

(5)色调。

色调要协调,要与作品情调、气氛协调。春山新绿,夏木华滋,秋江清远,寒林萧疏,乃自然规律,草木搭配也要体现季相。"寒江独钓",配以茂林,显得气氛不合;"南极企鹅",配以花草树木,自然是画蛇添足。常绿与落叶树种穿插,绘画上常见,自然界比比皆是,但一盆盆景之内,除"岁寒三友""四君子"之外,都不如此搭配,否则会给人以零乱之感。意境之美不在五光十色,而在于和谐统一之中。

7.2 点缀配件

在山水盆景中,盆景配件虽然很小,但所起的作用却很大。恰当的配件点缀可以深化主题、加强意境和增加内涵,此外还可以起到比例尺的作用(见图4-52)。

图4-52 配件点缀

山水盆景中安置的配件要根据盆景的题材、布局、石料等因素来选用。一般表现名山大川,宜选用古典的亭、台、楼、阁、宝塔等;表现山野景色、田园风光时则宜选用茅屋、茅亭、板桥、放牧等配件。配件点缀还应因景制宜,如次峰、崖头或江岸高处可安置宝塔,而山腰和水岸则宜放置亭台;水面宽阔之处宜设舟楫,而礁石之畔则宜设人垂钓。

山水盆景配件点缀,应遵循以下几点原则:

因景制宜。点缀何种配件应与景象环境相符合,才能提高盆景的观赏性,否则事与愿违。

以少胜多。配件要少而精,否则易庸俗化,使景点分散,削弱主题。

比例适当。配件的点缀,除画龙点睛之外,还能起比例尺的作用。配件适当小,能衬托出山峰的高大;若配件过大,峰峦显得不太突出,形成喧宾夺主的画面。

位置得当。桥多放置于水面两块礁石之间,偶尔也有放置于山峰中部两石之间的;塔一般不置于主峰之顶,常置于次峰或配峰之上。

色泽和谐。配件的色泽不可过于艳丽,在表现当代盆景的作品中,可放置楼房、电站、火车、汽车等配件,以充分反映时代特色。

序号	实 施 内 容
1	简述山水盆景的制作流程。
2	软石类山石和硬石类山石在加工时有何不同之处?
3	山水盆景的植物栽植有哪些方式?
4	什么是棕包栽植?如何进行棕包栽植?
5	山石上怎样进行铺苔?

任 务 分 组			
班级		组号	
组长		学号	
组员	姓名	学号	任务分工

评价环节		评价内容	评价方式	分值	得分
课前	课前学习	线上学习	教学平台(100%)	10	
	课前任务	实践学习	教师评价(100%)	5	
课中	课堂表现	课堂投入情况	教师评价(100%)	10	
	课堂任务	任务完成情况	教师评价(40%)	20	
			组间评价(40%)	20	
			组内互评(20%)	10	
	团队合作	配合度、凝聚力	自评(50%)	5	
			互评(50%)	5	
课后	项目实训	整体完成情况	教师评价(100%)	15	
		合计		100	

项目四　山水盆景的制作

任务三　山水盆景的养护

任务要求	
任务内容	本任务主要介绍山水盆景养护技术。
知识目标	掌握山水盆景的养护技术。
能力目标	能够完成山水盆景的日常养护。
素质目标	通过山水盆景的养护操作,提高学生的动手能力,培养精益求精的大国工匠精神。通过团队配合完成小组任务,培养学生团队意识。
课程思政	在山水盆景养护的学习中,通过使用各种机具和材料,培养学生爱护工具、保护自然的生态环保意识;增强学生的安全操作意识,养成勤俭节约的良好品德。

山水盆景养护管理的目的是使盆中山水景象长久保存下去。因此,要维持盆景中植物健康生长并尽量保持其已有造型,同时还要对山石进行清洁保养,防止其损坏。山水盆景中植物的养护管理与植物盆景基本相同,只是应当更加精细。山水盆景养护管理工作主要有以下几方面内容。

1. 盆面保洁

室外养的山水盆景不论是移入室内布置点缀还是参加展览之前,都要进行一次大整修、大扫除,如图 4-53 所示为盆面洁净的山水盆景。在日常的养护管理中盆内不要盛水,即使浇水时流淌于盆内的积水也要马上擦干,以免生长绿球藻而影响盆内的洁净。日常养护中不要用水直接冲刷,以防止土壤流失和污染盆面。树上、石上、盆内的枯枝败叶和污染杂质要及时清除,不然黄杂等色会渗透盆内无法清除,影响盆面洁净效果。放置、搬动山石要轻,不能撞击、磨损盆面。一旦盆内出现绿苔等污秽,可用去污粉、百洁布擦洗,必要时用铜丝刷、钢丝球清除,以保持盆水清澈透明。

2. 山石的保护

为了保持石材的天然色泽,日常可用上光蜡保养,用油画笔蘸蜡均匀抹在石表,然后刷亮,可让山石"永葆青春"。也可利用洒水机会适当喷淋,以去除石身、树身上的尘埃。注重了蜡(油)养、水养,山石就能无污垢杂物,滋润可爱,始终保持精美的色泽纹理,而树木苔草就可保持葱翠健康之美。

搬动盆景时要轻拿轻放,不要碰坏山峰和山脚。在北方冬季即使未种植植物的山水盆景也应放于室内,以防把山石冻裂。因风化、碰撞等原因把山石损坏时,要对山石进行整形,整形中要尽量保持山石原样。

图 4-53　盆面洁净的山水盆景

3. 保持植物生长茂盛

山水盆景的植物生长在山石上，不利的环境条件严重影响了正常生长，所以日常的养护要从水分管理、温度管理、光照管理、施肥、整形修剪等几个方面着手。

3.1　水分管理

一般栽种植物的浅口盆盛水极少，在炎热的夏季，水分蒸发很快。一般硬石类山水盆景应经常向石上植物浇水。对于软石类山水盆景，除将盆内贮满清水外，也应向石上植物喷水。为防止软石盆景的山峰顶部出现白色盐斑，浇水时可使水从峰顶顺山坡缓慢流入盆中。总之，要保证山石上植物所需的水分不断。

3.2　温度管理

山水盆景中的植物根系极浅，不耐旱，也不耐寒，一般应放于半阴、温暖、湿润的环境中养护，如此才能使山石上的植物一年四季都能保持生机盎然、枝繁叶茂。夏季在室外摆放盆景应避免阳光直射。

在我国华南地区，由于四季温暖、无霜冻现象，一般盆景冬季都可在室外越冬，但需防西北风危害。在北方冬季应将山水盆景比一般盆栽花木提前移入室内进行防寒。

盛夏是易于发生高温危害的季节，因此，在夏季应采取遮阳措施避免高温危害，即使是喜光树种，也应注意遮阳。

3.3　光照管理

光照影响盆景植物生长主要有两方面：一是光照强度，二是光照时间的长短。

（1）光照强度。

对于阳性植物盆景必须放置在阳光充足的场所，以满足其对光照的需要。但在盛夏高温季节对多数阳性植物也应适当遮阳，以免发生高温伤害。阳性植物盆景用于室内陈设时，应定期转换到室外接受充足光照。对于阴性植物盆景的放置必须要有遮阳条件，避免强光直射，应以见到稀疏光照为宜。对耐阴植物盆景的光照管理可以不如前两者严格，但一般也应将其放置于光照充足场所养护。

(2)光照时间。

不同植物种类对光照时间长短的要求也有差异。一些为短日照植物的盆景植物,如菊花、叶子花等,只有在每日光照时间减少到 10 h 以下才能进行花芽分化,才能正常开花。根据这一特性,我们可以人为地创造短日照条件,达到控制其开花的目的。

3.4 施肥

栽在山石上的植物,因为泥土较少,生长条件较差,而又不能常常换土,所以为使其有足够的生长养分,就必须经常施肥。

肥料最好用腐熟的淡水肥,可以多加些水,稀薄的淡水肥对山石上植物的生长有利。若是软质石料,则可以直接将稀薄腐熟的淡水肥施在盆中,让山石慢慢吸上去。若是硬质石料,就必须用小勺慢慢浇灌在植物根部,让其渗入泥土中才行。施肥宜薄肥勤施,以春、夏生长季节施肥最好。

3.5 整形修剪

山水盆景中的植物也要及时整形修剪,以控制其大小,并保持其造型优美。俗话说:"三分做七分养。"一盆完美的山水盆景,完成造型只是暂时阶段,还得集中精力对树木进行修剪来控制形态,控制高度,维护好树姿、树势,增强抗性,延缓生命,提高观赏性。

种植在山石上的植物,通常用生长成形、树势丰茂的为好,如图 4-54 所示为枝繁叶茂的山水盆景。但由于山石上土壤较少,养分有限,为了整个山石造型的协调及美观,就必须经常修剪。杂木类树种可剪去一些过长、过于茂盛的枝叶,如榔榆、雀梅以及六月雪等。若是松柏类,因其生长缓慢,则可以采取摘芽除梢的办法来控制其生长。若是五针松,则可在每年春季新芽伸展时,用手指摘除芽顶三分之一即可,不必予以修剪。杂木类的植物除了要修剪徒长枝之外,平时还可以摘除一些老叶,让其萌发新叶,使叶形更小,更具欣赏价值。

图 4-54 山水盆景植物

总之,修剪是为了提高山石中树桩的艺术效果,与山水融为一体。要及时修剪,一般情况下发现不尽如人意处马上修剪调整,始终如一地保证树木外形的完美与山石的协调。只有通过精心合理的修剪,才可保持高雅格调,调节长势,弥补造型的不足。

修剪时应该做到剪口平滑、不留残桩,必要时用刀削、凿刻,求得效果的完美。盆内树木修剪可以说是一个漫长的过程,绝不是靠一时半刻能"定局不变"的,每次修剪只代表这个阶段的完成,到了下一次又要进行修剪。即使山石上多年的老桩,一旦停止修剪,全局也将是杂乱无章。

序号	实 施 内 容
1	山水盆景养护管理要点有哪些?

任 务 分 组			
班级		组号	
组长		学号	
组员	姓名	学号	任务分工

评价环节		评价内容	评价方式	分值	得分
课前	课前学习	线上学习	教学平台(100%)	10	
	课前任务	实践学习	教师评价(100%)	5	
课中	课堂表现	课堂投入情况	教师评价(100%)	10	
	课堂任务	任务完成情况	教师评价(40%)	20	
			组间评价(40%)	20	
			组内互评(20%)	10	
	团队合作	配合度、凝聚力	自评(50%)	5	
			互评(50%)	5	
课后	项目实训	整体完成情况	教师评价(100%)	15	
合计				100	

项目五　树石盆景的制作

任务一　树石盆景的分类

任务要求	
任务内容	树石盆景的美主要体现在盆景的自然美、造型美和意境美。自然美包含了树木自然美、山石自然美、盆钵自然美及配件的自然美。造型对树石盆景至关重要，构成盆景艺术的材料如何在盆钵中展现，如何恰如其分地表达出自然的神韵和写意的效果是造型的关键。本任务主要介绍树石盆景的类型、特点及不同类型树石盆景的造型要素。
知识目标	了解树石盆景的分类及特点； 掌握树石盆景的素材选择要点。
能力目标	能够根据设计方案绘制树石盆景制作简图。
素质目标	开发空间想象能力，提高学习兴趣； 培养学生分析、解决生产实际问题的能力。

1. 树石盆景的分类

树石盆景是指应用创作树木盆景、山水盆景的手法，以植物、山石、土等为素材，按立意组合材料，在浅盆中再现大自然树木、山水兼而有之的景观的艺术品。树石盆景是由树木盆景和山水盆景自然而巧妙地整合而成，树木和石头是创作加工的主要对象，同时也是作品表现的主体；盆土不仅仅是作为栽培基质，也是作品地形地貌的一部分；盆钵除了作为树石盆景的载体外，同时也是景的重要组成成分；为了突出主题、表现意境，配件也是树石盆景中不可或缺的一部分。

1.1　全旱盆景类

以植物、山石、土为素材，分别应用创作树木盆景、山水盆景的手法，按立意组合成景，并精心处理地形、地貌，点缀亭榭、牛马、人物等摆件，在浅盆中典型地再现大自然旱地、树木、山石兼而有之的景观(见图 5-1)。

旱盆景不同于树木盆景，是旱地(地形、地貌)、树木、山石兼而有之的景观，意境幽静，如诗如画。

图 5-1　贺淦荪《山行》

1.2　水旱盆景类

以植物、山石、土为素材，分别应用创作树木盆景、山水盆景的手法，按立意组合成景，并精心处理地形、地貌，点缀亭榭、牛马、人物等摆件，在浅盆中注水，典型地再现大自然水面、旱地、树木、山石兼而有之的景观。

水旱盆景是综合应用树木盆景、山水盆景之长，再现大自然水面、旱地、树木、山石兼而有之的景观，意境幽静，如诗如画。

表现手法分水畔型、溪涧型、江湖型、岛屿型、综合型五种。

1.2.1　水畔型

水畔式是水旱盆景中最传统的一种形式，再现大自然溪畔两侧自然景观。

盆中的一边为水面，一边为旱地，以山石隔开水土，作为分水岭的石头驳岸是景观的组成部分，在布局上一定要有曲折起伏。旱地部分栽种树木，布置山石。水面与旱地的面积一般不等，旱地部分稍大。水面与旱地的分隔线曲折而倾斜，富于变化。水面部分常常点上少许小石块或放置舟楫。水畔式水旱盆景主要用于表现水边树木的情趣，画面简洁，适合于中景表现。树木可孤植，亦可多株合栽（见图 5-2）。

图 5-2　赵庆泉《古木清池》

1.2.2　溪涧型

再现大自然山林溪涧自然景观，以石筑坡，分陆地为两岸，中为溪涧。盆中两边为树木、石头和旱地,中间形成狭窄的水面。两边旱地大小不一,避免对称,同时高低起伏变化较大。溪涧的形状有开有合,曲折迂回。水中常有大大小小的石块。溪面由近及远,宜开合有度,曲折迂回。表现溪宜开阔平缓,不宜取高大石料作驳岸;而表现涧,则水流宜激,岸高有深度。这类盆景树木的配植宜多株合栽,方有纵深感(见图5-3)。

1.2.3 江湖型

再现大自然江河湖泊远景自然景观,用于全景布局,但布局方法不同于溪涧式,因江、湖水域较宽,两岸树木难以整体表现,通常采用偏重式的做法,主体置于一侧绵延后展,水面在另一侧前方。盆中两边为树木、石头和旱地,中间为宽阔的水面,有时后面还有远山低排。旱地部分树木均做成丛林式,坡岸一般较平缓,水岸线曲折柔和,水面比溪涧式开阔,常放置小桥或舟楫等摆件(见图5-4)。

图 5-3　郑永泰《寒江独钓》
　　　　树种:对节白蜡

图 5-4　冯连生《我家就在岸边住》
　　　　榆树、龟纹石

1.2.4 岛屿型

再现大自然岛屿自然景观。盆中水面环绕陆地为岛,中间以山石隔开水土。一般盆中仅有一个小岛屿,有时也可为二、三座小岛屿,岛屿多时一定要有主次、高低、远近变化。岛的形状呈不规则形,水岸线曲折多变,地形有起有伏。通常水中需布置点石,增加过渡,丰富画面。在树木配植上以多干为妙,并且要注意高下、远近层次以及树木跟岛之间的比例关系,不宜夸张过度(见图5-5)。

图 5-5　李云龙《崖上生辉》　米叶冬青、太湖石

1.2.5 综合型

综合再现大自然水面、旱地、树木、山石兼而有之的自然景观。

自然界的景色是多样的,在水旱盆景的创作中,常常根据表现的题材,将上述基本形式中的两三种结合起来,形成一些较为复杂的布局,这就是综合式(见图5-6)。

图 5-6　郑绪芒《清韵图》　雀梅、榆树、龟纹石

1.3　附石盆景类

以植物、山石、土为素材,分别应用创作树木盆景、山水盆景的手法,按立意将树木的根系裸露,包附石缝或穿入石穴组合成景,并精心处理地形、地貌,在浅盆中典型地再现大自然树木、山石兼而有之的景观。

表现手法分根包石、根穿石、根倚石等。

1.3.1　根包石

根包石,或称根抱石,产生这种现象的原因是树木生长在泥土贫瘠的山中,树根紧紧地贴住岩石生长,最终将石块紧紧包住,形成包石现象。盆景艺术家们用"根抱石"创作出了一些新颖别致的根艺作品,盘根错节,自然奇特(见图5-7)。

1.3.2　根穿石

根穿石或可称为石包根。根穿石有半穿石与全穿石两种。半穿石即在封闭有底的山石间隙中种植树木;全穿石则在开放式无底的洞穴中种植树木,将其根系穿过山石的洞穴引入盆内,实际上是用山石打了个围子,增加了容土量,对树木的生长有利。根穿石式的树石盆景石料选用硬质、吸水的软质都可以,只要比例合适,并且对树种也不挑剔。在表现景观上,范围更广些,不仅可以表现石顶、崖顶和峰上的景观,还可以是山麓、山坡的景象。栽植的树木,独木、丛林、合栽皆宜。因此,根穿石式树石盆景在用材和表现内容以及在管理上,相对要丰富和方便一些(见图5-8)。

1.3.3　根倚石

根倚石式适用于表现单体树木形态,可以是树倚石,也可以是石倚树,树石之间相依相伴、浑然天成(见图5-9)。

项目五　树石盆景的制作

图 5-7　梁悦美作品

图 5-8　吴成发《傲骨凌风》　山橘

2. 树石盆景的素材选择

2.1　树木的选择

树石盆景所用的树木材料多为自幼培育，也可从山野采掘，但都须经过一定时间的培植与加工，使其主干与主枝初步成型。树石盆景根据造型不同可以采用单株树木，也可采取小丛林的造型，必须遵循自然的原则，"虽由人作，宛自天开"，"源于自然，高于自然"。

2.1.1　单株树木的选择

树石盆景中单株树木造型可借鉴树木盆景造型。一是要做到合乎自然，必须完全以自然树木景象为依据，再做必要的取舍。二是具有大树形态，树形不宜太奇特，通常多为直干、斜干和临水式。悬崖、曲干（指树干弯曲程

图 5-9　韩学年《共峥嵘》

度大的）等树形均不适宜。三是根系成熟，最好是经过一定时间浅盆培养后的树木，既有成熟的根系，又无向下生的粗根。主树露出土面的根系向四面铺开，其余树木最好也有露出土面的根系。

2.1.2　丛林树木的选择

树石盆景中丛林造型是表现不同树林的景观，可以是水畔的疏林、山间的密林，可以表现出苍莽的原始森林，也可以是神奇的热带雨林。造型时一是注意布局，构图时平面布局要注重统一与变化的原则，在材料、造型、意境等方面达到统一，在统一中有变化，变化中有统一，在同一盆中，通常用同一树种，有时也可用两种以上的树种。不同树种的合栽，须以其中

一个树种为主,其他树种为辅,不可平均处理,同时要尽量注意格调的统一。但协调中还要求变化。如以直干树木为主做成丛林式,不妨在其中夹杂一二株斜干树或干形稍有弯曲的树,可以增添自然情趣。二是要与其他景物配合默契,选材的时候,并不要求树木的各个部分都很完整,而是要求与其他景物能有机地结合,达到理想的效果。

2.2 山石的选择

选择石头,就是要选出形态、质地和色泽都合乎创作立意的材料,要尽可能因材致用,保持石料的天然特点。树石盆景用的石头材料,一般以硬质石料为多,最好具有理想的天然形态与皴纹,同时色泽柔和,石感较强。

一是选形,石料主要是用作坡岸及点布,很少表现完整的山景,故在选石时,应注重具有"石形",即石头形态。硬质石料一般不便加工,因此对天然形状与皴纹要求较高。松质石料可以雕琢,故不须对原有形状要求太高,只要质地均匀即可。二重质感,一般来说,硬质石头的石感强,松质石头则缺少石感。三是要注意协调统一,一个盆景中一般采用同一种石料,并力求达到在形状、质地、皴纹、色泽等方面均协调统一。

2.3 盆钵的选择

树石盆景可选用紫砂盆、釉陶盆、瓷盆、大理石盆、云盆、天然石盆、人造景盆等。可以选用规则式的,也可以用异形盆。一般大型的树石盆景通常选择浅口的大理石盆或汉白玉盆,有时也会用浅口的釉陶盆,以长方形和椭圆形为好,以白色为多,也可选用不规则的天然石盆。天然石盆有两种,一种为天然云盆(见图5-10),近年来,随着资源保护意识的加强,国家禁止开发钟乳石,天然云盆越来越少,可用人造云盆代替。现在树石盆景经常采用表面纹路富有变化的英德石或青石等天然硬石,拼接胶合成盆状,做成景盆(见图5-11),配树后可独立陈设观赏,也可多个组合为景。

图5-10 云盆

图5-11 人造石盆

序号	实施内容
1	你准备做哪种类型的树石盆景? 全旱类□　　水旱类□　　附石类□

续表

序号	实 施 内 容
2	选择树木素材,并说出理由。
3	选择山石素材,并说出理由。
4	尝试在一个椭圆形盆中,做一个树石盆景布局。

任务评价单

任 务 分 组		
班级		组号
组长		学号
组员	姓名	学号	任务分工

评价环节		评价内容	评价方式	分值	得分
课前	课前学习	线上学习	教学平台(100%)	10	
	课前任务	实践学习	教师评价(100%)	5	
课中	课堂表现	课堂投入情况	教师评价(100%)	10	
	课堂任务	任务完成情况	教师评价(40%)	20	
			组间评价(40%)	20	
			组内互评(20%)	10	
	团队合作	配合度、凝聚力	自评(50%)	5	
			互评(50%)	5	
课后	项目实训	整体完成情况	教师评价(100%)	15	
合计				100	

任务二　树石盆景的制作

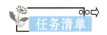

任　务　要　求	
任务内容	水旱盆景是树石盆景中常见的一类，是树木盆景与山水盆景的结合，它选取的素材有植物、石头、土、水、配件。它所表现的是自然界树木、山石、陆地、水面兼而有之的景观。水旱盆景在宋元已经出现，明代已有水旱盆景专用盆，清代已比较多见。现代水旱盆景继承了传统水旱盆景的技艺，造型上更趋向于自然，受到了越来越多的盆景爱好者的喜爱。
知识目标	了解水旱盆景的制作要点； 掌握水旱盆景的构图。
能力目标	能够根据设计方案制作一个简单的水旱盆景。
素质目标	开发空间想象能力，提高学习兴趣； 培养学生的抽象转化能力，以艺术的眼光设计完成一个水旱盆景； 引导学生树立正确的审美观； 培养学生分析、解决生产实际问题的能力。

1. 选材

1.1　选树

树木素材是水旱盆景中的主景，它的选择至关重要，其树种一般必须具有叶细小、耐修剪、易造型及观赏价值高等特点。一般可以选择松柏类的素材，也可以选择九里香、福建茶、榔榆、小叶女贞、榕树、三角枫、红枫、六月雪等杂木类素材，还可选择杜鹃、紫薇、老鸦柿、金弹子、火棘等观花观果类素材。

1.2　选石

水旱盆景用的石头，宜选用具有理想的天然形态与皴纹的硬质石料，选择形态、质地和色泽符合创作立意的材料，保持石料的天然特点，如龟纹石、英德石、卵石、石笋石、斧劈石、千层石等石材都是制作水旱盆景很好的石种。在同一盆水旱盆景中，一般采用同一种石料，并力求达到在形状、质地、皴纹、色泽等方面均协调统一，但注意要有变化，石头要有大有小，皴纹应有疏有密，形状宜有圆有方，等等。

1.3　选盆

水旱盆景一盘采用浅口的山水盆，可在作旱地的位置钻一二个排水孔，常用水盆的形状有长方形、椭圆形及不规则的自然形。盆的质地以大理石、汉白玉等为好，釉陶盆和紫砂盆

亦可。盆的色彩多为白色或其他浅色。

1.4 选配件

配件是指安置在盆景中的建筑、人物、动物、舟楫等点缀品。它们虽然体量很小，但有突出主题、创设意境、补虚托景以及比例尺等作用。配件的质地有陶质、瓷质、石质、金属质等数种，以陶质为好，即用陶土烧制而成，不怕水湿和日晒，不会变色，质地与盆钵及山石易于协调。

2. 水旱盆景的制作

水旱盆景的制作程序，主要包括总体构思、加工树材、加工石料、整体布局、胶合石头、栽种树木、处理地形、安置摆件、铺种苔藓等。

2.1 立意构思

在制作水旱盆景之前，应对作品所表现的主题、题材，以及如何布局和表现手法等，先有一个总体的构思，也就是中国画论中所说的"立意"。构思以自然景观为依据，以中国山水画为参考。构思贯穿于选材、加工和布局的整个过程中，并且常常会在这个过程中有一定程度的修改。构思的时候，最好先将初步选好的素材，包括树木、石头、盆和摆件等放在一起，然后静下心来，认真审视，寻找感觉。在有了初步的方案以后，再开始加工素材。

2.2 树木加工

树木是水旱盆景的主体，加工素材时一般先加工树木材料。水旱盆景所用的树木材料，均须在培养盆中，经过一定时间的培育、整姿，初步成型后方可应用。在制作时须根据总体构思，对素材做进一步的加工。首先确定树木的主观赏面，一般来说，从正面看，主干不宜向前挺，露根和主枝均应向两侧伸展较长，向前后伸展较短。树木栽种的角度也十分重要。主观赏面确定以后，如果角度不够理想，可将主干向前后左右改变角度，直至达到理想的效果。然后再进一步考虑主枝的长与短、疏与密、聚与散、藏与露、刚与柔、动势与均衡等问题，接着可调整内部结构和整体造型。整姿宜采用蟠扎与修剪相结合。整姿方法与树木盆景基本相同。

2.3 石料加工

水旱盆景用的石料，必须经过一定的加工，才可进行布局。石料的加工方法主要有切截法、雕凿法、打磨法、拼接法等，根据不同的石种和造型去选择。

切截指切除石料的多余部分，保留需要的部分，用作坡岸和水中的点石，使之与盆面接合平整、自然。有时将一块大石料分成数块。用作旱地的点石通常不一定需要切截，但如果体量太大，也可切除不需要的部分。有的石头还需雕凿出皴纹，经过打磨，使其更加自然，然后将石头组合拼接成一个整体。

2.4 试作布局

在加工完毕后，可将全部材料，包括树木、石头、摆件及盆等，都放在一起，反复地审视，然后将材料试放进盆中，看看各部分的位置和比例关系，有时也可以画一张草图，这就是试作布局。试作布局时，要先放主树、后放配树，再放石头、摆件等，经过反复的调整，达到理想的效果。

(1)树木的布局。

按照总体构思,在盆中先确定树木的位置。在布置树木时,也须考虑到山石与水面的位置。树木位置大体确定时,可先放进一些土,然后再放置石头,树、石的放置也可穿插进行。

(2)石头的布局。

山水盆景中水岸线的处理十分重要,既要曲折多变,从正面见到的又不宜太长。石头的布局须注意透视处理。一般先用石头作坡岸,分开水面与旱地,然后作旱地点石和水面点石。旱地点石要与坡岸相呼应,可以弥补某些树木的根部缺陷,同时对地形处理也很重要,要做到与树木相衬托,与土面结合自然;水面点石可使得水面增加变化,要注意大小相间、聚散得当。

2.5 胶合石头

在布局确定以后,就可以进行石头的胶合,也就是用水泥将作坡岸的石块及水中的点石固定在盆中。可以先用记号笔将石头的位置在盆面上作记号,注意将水岸线的位置,尽量精确地画在盆面上,有些石块还可以编上号码,以免在胶合石头时搞错。水泥可选凝固速度较快的一种,为增加胶合强度,可酌情添加一些增加强度的掺合剂。同时为使胶合部分协调,可在水泥中放进水溶性颜料,将水泥的颜色调配成与石头接近。

为了防止水面与旱地之间漏水,在作坡岸的石头全部胶合好以后,再仔细地检查一遍,如发现漏洞,应立即补上,以免水漏进旱地,影响植物的生长,同时也影响水面的观赏效果。如采用松质石料作坡岸,可在近土的一面抹满厚厚的一层水泥,以免水的渗透。

2.6 栽种树木

完成石头胶合后,须将树木认真地栽种在盆中。栽种树木时,先将树木的根部再仔细地整理一次,使之适合栽种的位置,并使树与树之间的距离符合布局要求。树木栽种完毕,可用喷雾器在土表面喷水(不需喷透),以固定表层土。

2.7 处理地形

在石头胶合完毕后,便可在旱地部分继续填土,使坡岸石与土面浑然一体,并通过堆土和点石做出有起有伏的地形。点石应埋在土中,处理好地形以后,在土表面撒上一层细碎"装饰土",以利于铺种苔藓和小草。

2.8 安放配件

配件的安放要合乎情理。安放舟楫和拱桥一类的摆件,可直接固定在盆面上;石板桥一类的摆件,多搭在两边的坡岸上;安放亭、台、房屋、人物、动物类摆件,宜固定在石坡或旱地部分的点石上。有时在旱地部分埋进平板状石块,用以固定摆件。固定摆件,一般可胶合在石头或盆面上。对于舟、桥一类摆件,可不与盆面胶合,仅在供观赏时放在盆面上。

2.9 铺种苔藓

苔藓是水旱盆景中不可缺少的一个部分,它可以保持水土、丰富色彩,将树、石、土三者联结为一体,还可以表现草地或灌木丛。苔藓有很多种类。在一件作品中,最好以一种为主,再配以其他种类,既有统一,又有变化。铺种苔藓时,先用喷雾器将土面喷湿,再将苔藓撕成小块,细心地铺上去。最好在小块苔藓之间留下一点间距,不要全部铺满,更不可重叠。苔藓与石头接合处宜呈交错状,而不宜呈直线。全部铺种完毕后,可用喷雾器再次喷水,使苔藓与土面接合紧密,与盆边接合干净利落。

2.10 最后整理

上述各项工作全部完成以后,可对作品进行最后整理。首先看一下总体效果,检查有无疏漏之处,如发现则做一些弥补。然后将树木做一次全面、细致的修剪和调整,尽可能处理好树与树、树与石之间的关系。最后将树木枝干、石头及盆,全部洗刷干净,并全面喷一次雾水。待水泥全部干透,再将旱地部分喷透水,并可将盆中的水面部分贮满水。这样一件水旱盆景作品便初步完成。经过1~2年养护管理,作品会更加完善和自然。

3. 树石盆景制作实例

张志刚盆景《高天流云》制作实例如下:

(1) 选材。树材选择5棵五针松,石料选择英德石(见图5-12)。

图 5-12　选材

(2) 试作布局。树木的布局:栽植点之间连线尽量成一个或多个不等边三角形,3株以上树木尽量不要在一条直线上,要做到高低错落、疏密有致、俯仰结合(见图5-13)。

石头的布局:先做坡岸,区分水面与旱地;然后再做旱地和水面点石。

石头的布局要有主次、大小、远近、高低之别,注意透视原理,近石为石,远石为山,水中的点石为渚。水岸线要迂回曲折,富有变化(见图5-14)。

图 5-13　树木的布局　　　　图 5-14　石头的布局

（3）胶合石头。用水泥将作坡岸的石块及水中的点石固定在盆中，石头底部涂抹水泥要饱满均匀。驳岸的背面，用水泥将石头之间的缝隙填满，防止将来水分渗透。驳岸的正面，可用油画笔或小刷子蘸水刷净粘在石头外面的水泥。水域的点石可用504胶水固定（见图5-15）。

图 5-15　胶合石头

（4）栽种树木。在石头胶合完毕，水泥凝固后，根据布局的顺序，先主后客，将树木恢复栽植（见图5-16）。

（5）处理地形。在旱地部分继续填土，使坡岸石与土面浑然一体，并通过堆土和点石做出有起有伏的地形（见图5-17）。

图 5-16　栽植树木　　　　　　　　图 5-17　处理地形

（6）点缀布苔。适当添加一些蒲草或小植物烘托野趣和丰富画面，青苔铺种时需自然交错，小缝对接到位，切不可上下重叠（见图5-18）。

项目五　树石盆景的制作

图 5-18　点缀布苔

序号	实 施 内 容
1	水旱盆景树木素材选择与树木盆景素材选择标准是否一样？
2	水旱盆景盆钵选择时有哪些注意事项？
3	按照水旱盆景制作流程，制作一盆水旱盆景。

任 务 分 组			
班级		组号	
组长		学号	
组员	姓名	学号	任务分工

续表

评价环节		评价内容	评价方式	分值	得分
课前	课前学习	线上学习	教学平台(100%)	10	
	课前任务	实践学习	教师评价(100%)	5	
课中	课堂表现	课堂投入情况	教师评价(100%)	10	
	课堂任务	任务完成情况	教师评价(40%)	20	
			组间评价(40%)	20	
			组内互评(20%)	10	
	团队合作	配合度、凝聚力	自评(50%)	5	
			互评(50%)	5	
课后	项目实训	整体完成情况	教师评价(100%)	15	
		合计		100	

任务三　树石盆景的养护

任 务 要 求	
任务内容	俗话讲"三分做，七分养"，树石盆景制作完成后要进行科学、系统、用心的养护和管理，树石盆景的主体是树木，其养护与一般的树木盆景基本相同，同样需要浇水、施肥、修剪、蟠扎、换土、病虫害防治等管理措施，才能保证其正常生长发育，提升其观赏价值。
知识目标	了解树石盆景的养护要点。
能力目标	能够将自己做的盆景用心养护。
素质目标	开发空间想象能力，提高学习兴趣； 培养学生分析、解决生产实际问题的能力。

1. 放置

树石盆景制作完成后，宜放于通风良好、光照充足的场所。夏季温度较高时要适当遮阴；长江以北地区，冬季需移至室内，以防冻伤。

不同树木的生长习性不同，放置的位置不同，如金弹子、紫薇、六月雪等观花观果类材料，不能长期放在阴凉处，影响其生长发育；而杜鹃、黄杨等耐阴素材，在夏季高温及强光下，必须进行遮阴处理。而且在植物生长季节,应该注意不要连续多日放在室内及树荫下,否则阳光、空气不充分,会导致树木生长不良,叶片发黄脱落。

扬州瘦西湖水旱盆景陈设如图 5-19 所示。

图 5-19　扬州瘦西湖水旱盆景陈设

2. 浇水

树石盆景一般土层较浅,或将树木直接栽在石洞中,夏季及大风天蒸腾量大,盆土很容易缺水,如不及时补充很容易导致树木萎蔫甚至死亡,因此,浇水是树石盆景养护的前提保障。不同的树种对水分的需求不一,"干松湿柏"说的就是松树相对喜欢干燥,而柏树喜欢湿润,因此在浇水时应注意。同一植物在不同的生长季节,需水量也不同,春、秋季一般可以每天或隔天浇水一次,夏季高温可早晚各浇一次水,冬季树木进入休眠期,可 3~5 天浇一次水。浇水的原则是见干见湿,也就是不干不浇,浇则浇透。树石盆景浇水时一般宜用喷雾或用小水漫浸。另外,盆景不同造型阶段需水量也不同,在培养阶段可多浇水,促进树木快速生长;一般盆景成型后,可以适当控水,防止枝条徒长,可使叶片逐渐变小,枝节更苍老。

3. 施肥

施肥也是树石盆景养护的重要环节,树石盆景土壤较少,土壤的理化性能较弱,所以要适时适量施肥。一般施肥以有机肥为好,可以腐熟的有机肥作为基肥。施肥的原则是薄肥勤施。肥料过量可能会导致植株烧死;肥料过足,会引起植物徒长,不利于造型的维护。一般培养期的树石盆景生长季节每半个月追施一次肥水比例为 1∶10 的液肥,成型的盆景用肥不宜过多,一般生长期施 3~5 次即可。可以在雨前几小时施肥,或在盆土干燥时施,施后第二天浇水。梅雨季节和高温季节一般不施肥,冬季树木休眠期一般也不宜施肥。

现在市面常见的缓释肥有玉肥,是由豆饼、骨粉等腐熟晾干压制而成,可将其置于肥料盒,根据土面大小插入土面,浇水时营养物质会随水渗透到土壤中(见图 5-20)。

4. 换土

树石盆景一般生长 2~3 年后,须根会密布盆中或栽植穴中,土壤板结,透气透水性弱,这时需要更换土壤。不同的树种生长势不同,换盆时间也不同。一般生长势较旺的树种,如

图 5-20　缓释肥

榔榆、对节白蜡、三角枫等，生长较快，一般 2~3 年换土一次；五针松、黑松、真柏等树种可以 3~4 年换土一次。换土时间以树木休眠期为好，一般在早春或深秋。可在盆土稍干时，取掉土面上的点石和配件，用竹签在边缘轻撬，将树木连同土壤小心取出，剔除 1/2 旧土，剪去枯根、腐根及部分老根，剪短过长根，然后将树木按原位栽植，添加新土后点石铺苔。

5. 修剪

树石盆景在创作完成后，树木仍在不断生长，为了保持造型，要及时修剪，可将过长枝剪短，过密枝疏剪，有些在新芽萌发时需进行摘心、摘芽，控制新枝生长，保持树姿（见图 5-21 和图 5-22）。修剪方法可参照树木盆景的修剪方法，根据树形和树种，对有碍观赏的枯枝、平行枝、交叉枝、重叠枝等忌枝进行适当处理，有的还可通过蟠扎调整枝条的方向。

图 5-21　摘心

6. 常见病虫害及其防治

水旱盆景的病虫害防治与一般树木盆景相同，但由于其盆土较少，对病虫害的抵御能力较弱，因此必须特别重视养护，及时防治，以免影响树木的生长。常见的病害有根腐病、白粉

项目五 树石盆景的制作

图 5-22 疏剪

病、黑斑病、锈病等，常见的虫害有蚜虫、介壳虫、红蜘蛛等，如有发现，要及时防治，治早治了（见表 5-1）。

表 5-1 常见病虫害及其防治

常见病虫害	症状	症状图片	防治方法
根腐病	植物叶片由绿变黄，植株生长缓慢，局部枯枝。盆内积水、施肥过度、换盆时间不当、用土不合理导致根部缺氧腐烂	枸杞根腐病	控制浇水和施肥，及时换土
白粉病	一般由日照、通风不良引起，常发生在叶、嫩枝等部位，初期为黄绿色不规则小斑，边缘不明显。随后病斑不断扩大，表面生出白粉斑，后长出无数黑点，染病部位变成灰色，连片覆盖其表面，边缘不清晰，呈污白色或淡灰白色。受害严重时叶片皱缩变小，嫩梢扭曲畸形，严重时会导致失枝甚至整株死亡	黄杨白粉病	可将树木放置于通风透光处，病害盛发时，可喷 15% 粉锈宁 1000 倍液、2% 抗霉菌素水剂 200 倍液、10% 多抗霉素 1000 至 1500 倍液，另外也可用白酒（酒精含量 35%）1000 倍液，每 3 至 6 天喷一次，连续喷 3 至 6 次，冲洗叶片到无白粉为止

续表

常见病虫害	症状	症状图片	防治方法
黑斑病	多危害花木的叶片，初期病叶出现褐色放射状病斑，边缘不明显。随着病情发展，褐斑逐渐扩大近圆形，直径一般在 0.5~1.0 cm，并由褐色变成紫褐色或黑褐色，边缘也逐渐明显。病情严重时，叶片枯黄、脱落，对树木生长很有影响	金弹子黑斑病	注意通风透光，盆中不可积水，施肥时不要把肥水洒到叶面上。发现病叶应立即摘除，并用65%代森锌可湿性粉剂 500 倍液或 1‰波尔多液喷洒树木，半月 1 次，连续喷洒 3~4 次
锈病	多发生在高温多雨季节，危害花木的叶片、花茎和芽。发病初期叶面出现橘红色或黄色斑点，后期叶背布满黄粉，叶片焦枯，提早脱落	图为锈病病原菌的冬孢子遇水膨胀后的胶状物	注意通风透光，合理施用氮肥、磷肥、钾肥，盆土不可经常过湿，发现病叶应及时摘除，如病害已蔓延，可喷洒 1%波尔多液，每周 1 次，连续 2 次
赤枯病	常见于马尾松、黑松、赤松等 2 年生针叶，初期出现褐黄色或淡黄棕色段斑，之后面积扩大，变成棕红色、棕褐色，严重时松针枯死脱落	赤枯病	预防为主，宜在冬季和早春对树木喷施石硫合剂 30 倍液 2 次，5—6 月份，用 70%的甲基托布津可湿性粉剂 1000 倍液或 45%的代森铵可湿性粉剂 200~300 倍液喷洒预防
蚜虫	刺吸式害虫，常发生在罗汉松、朴树、火棘、海棠、紫薇、榔榆等树木上，经常聚集在叶片、嫩枝、花蕾上，造成叶片皱缩卷曲、植物畸形生长，严重时叶片脱落、植株死亡	蚜虫	少量可用小毛刷刷掉，如已蔓延，可用 90%的敌百虫晶体 1000 倍液或 10%的吡虫啉可湿性粉剂 2000 倍液喷洒受害植株

续表

常见病虫害	症状	症状图片	防治方法
介壳虫	主要危害黄杨、三角枫、紫薇、五针松、龟甲冬青、榔榆等树木，常聚集于植物的枝、叶、果上，吮吸其汁液，使受害部分枯黄，影响植物生长，严重时可造成植物死亡	介壳虫	可用毛刷或细竹签剔除，严重时也可剪除枝叶，一般在盛虫期喷洒80%敌敌畏乳油1000～1500倍液，或40%氧化乐果乳油2000倍液，或15%的扑虱灵可湿性粉剂1500倍液，每周喷洒一次，连续2～3次
红蜘蛛	主要危害真柏、地柏、五针松、山橘、榆树等树木，在高温干旱的气候条件下，繁殖尤其迅速，危害严重时，植物叶面呈现密集的细小灰黄点或斑点，叶片逐渐枯黄、脱落，甚至造成树木死亡	红蜘蛛	可用20%的三氯杀螨醇乳油1500倍液，或40%氧化乐果乳油1500倍液喷洒受害植株
军配虫	主要危害贴梗海棠、杜鹃、火棘等花果类树木，多聚集于叶背刺吸危害，背面有分泌物及粪便形成的黄褐色锈状斑，易使植物提早落叶，影响树木生长和花芽形成，夏季危害尤为严重	军配虫	注意清除树木附近的落叶和杂草，在危害期，可喷洒80%敌敌畏乳油1000～1500倍液，或50%辛硫磷乳油1000～1500倍液，或50%杀螟松乳油1000倍液

任务实施

序号	实施内容
1	植物生长的肥料三要素主要有氮、磷、钾,氮肥可促进枝叶生长,磷肥可促进花果发育,钾肥可促进植物茎干和根部发育。下列素材在生长季适合施用哪种肥料? (1)紫薇(　　)　　(2)石榴(　　)　　(3)九里香(　　) (4)雀梅(　　)　　(5)老鸦柿(　　)　　(6)对节白蜡(　　)
2	下列素材需要换盆吗?如果需要,说明换盆原因。 
3	头脑风暴:树石盆景与树木盆景及山水盆景的养护有什么不同?

任务评价单

任 务 分 组			
班级		组号	
组长		学号	
组员	姓名	学号	任务分工

续表

评价环节		评价内容	评价方式	分值	得分
课前	课前学习	线上学习	教学平台(100%)	10	
	课前任务	实践学习	教师评价(100%)	5	
课中	课堂表现	课堂投入情况	教师评价(100%)	10	
	课堂任务	任务完成情况	教师评价(40%)	20	
			组间评价(40%)	20	
			组内互评(20%)	10	
	团队合作	配合度、凝聚力	自评(50%)	5	
			互评(50%)	5	
课后	项目实训	整体完成情况	教师评价(100%)	15	
合计				100	

第三篇
欣赏·评述

项目六　盆景的鉴赏

任务一　盆景的命名

任　务　要　求	
任务内容	本任务主要介绍盆景命名的形式、要求和方法。
知识目标	了解盆景命名方法及注意事项。
能力目标	能对盆景进行命名。
素质目标	培养文化自信,提高盆景命名的意境。

给盆景命名,古已有之。据《太平清话》一书记载,宋代诗人范成大曾给他喜爱的山石题写"天柱峰""小峨眉""烟江叠嶂"等名称。这说明远在宋代就有人给盆景命名了。盆景艺术发展到今天,命名已成为盆景艺术创作不可缺少的一部分。一件优秀的盆景作品,如果只有优美的造型,没有饶有趣味而又和谐贴切的命名,那么它的美则是不完整的,自然会降低作品的欣赏价值。但是,如果命名不当,也会产生相反的效果。因此,给盆景命名一定要慎重,需要经过反复推敲,方能确定。盆景的命名,必须具有诗情画意,引人遐想,以扩大对盆景意境的想象。好的命名恰如画龙点睛,它能吸引观者,将其带入景物的意境之中,达到景中寓诗、诗中有景、景诗交融的境界,从而提高盆景的思想性和艺术性。现将盆景命名的形式、要求和方法简要介绍如下。

1. 盆景命名的形式

1.1.1　以形命名

按盆景的形象题名。有的盆景是根据景物的外部形态来命名的。如:给一件树干离开盆土不高即向一侧倾斜,然后树木大部枝干下垂,树枝远端下垂超过盆底部的松树悬崖式盆景命名为《苍龙探海》(见图 6-1);附石式盆景命名为《树石情》(见图 6-2);给独峰式山水盆景命名为《孤峰独秀》或《独秀峰》(见图 6-3);《卧鹿》,整体造型似一只睡卧的鹿(见图 6-4)。这种命名形式的盆景,当你一听到盆景的名称,虽然还未见到景物,就能想象出它大概的形态。

图 6-1 《苍龙探海》

图 6-2 《树石情》

图 6-3 《孤峰独秀》

图 6-4 《卧鹿》

《虎踞龙盘》(见图 6-5)已有四百多年的历史。它高 1.8 米,冠幅 2.5 米,是为数不多的特大型桩景。从南向下面看,主干横斜,形若猛虎蹲伏;从北向反面观之,主枝自然弯曲,如蛟龙腾起。上海画家王西野先生据此为雀梅王题名为《虎踞龙盘》。

《醉欲眠》(见图 6-6)是一棵卧干式雀梅桩景。配植于白石浅盆,洁盆托绿椿,色彩鲜明,躯干横卧斜生,有醉翁寐地之势、虬龙倒走之态,因此取名《醉欲眠》。

图 6-5 《虎踞龙盘》

图 6-6 《醉欲眠》

《沐猴而冠》(见图6-7)是1958年在吴县(现吴中区)光福山野挖得,形若一只顽猴,悠然自得,蹲坐在伞盖树下,纳凉歇息,故称为《沐猴而冠》。远观,形态逼真,懦懦若动;近看,乾皮斑落,平稳静息。远近可瞻,四时可赏。

1.1.2 以意命名

按盆景的立意题名,对盆景命名要求更含蓄、更深沉,不是一目了然地把名与景联系起来,而是观后思考出一种向往的东西来。例如盆景的图案是一棵古树,在树丫中的树瘤上卧着一只蝉,命名为《秋声》,观赏人并没有听到秋声,人们看到此景,想到了"噤若寒蝉",便联想到了秋天。再如《月照竹林》盆景,只有一丛翠竹,缝隙间有丝丝银光闪烁,根本看不到月亮,可能使人琢磨出来,月亮就在丛林的那边,有斜照过来的光芒,这比月亮就在丛林顶上,要好得多。这就是盆景的名字,离真实的造型之景很远,可意和景密切相连,费一番思索,就能惊喜地破解,这样的盆景名字才是真正高档次的。

潘仲连先生的《刘松年笔意》(见图6-8),用三棵瘦劲坚挺的五针松造型,树姿森严,老干苍劲,横枝豪爽。作品有一股内在的坚毅和大度的阳刚之气,使人敬仰之情沛然而生。而那参差错落的叶片,变化和谐,洋溢着优美雅致之情。整件作品庄严、肃穆的气氛占主导地位。而刘松年是南宋时杭州画松名家,笔法精良,画风雄健。他拥护抗金,反对投降,具有高尚的气节,人品和画品均属阳刚之美,二者声气相通。

图6-7 《沐猴而冠》

图6-8 《刘松年笔意》

图6-9 《飞流直下三千尺》

1.1.3 以名句命名

以名句来给盆景命名,多是用古代文人的诗词名句给盆景命名,关键就在恰如其分。如给一件用雪花斧劈石制作、用来表现瀑布景致的山水盆景命名为《飞流直下三千尺》(见图6-9)。当人们看到这个题名时,就会想起唐代大诗人李白《望庐山瀑布》诗句"飞流直下三千尺,疑是银河落九天"的千古绝唱。如给鸭子造型的水仙花盆景命名为《春江水暖》,具有一定文学修养的人,看到此景和命名,就会想起宋代著名大诗人苏东坡的"竹外桃花三两枝,春江水暖鸭先知"著名诗句,从而把人们带入诗情画意之中。如果对诗词一知半解,反而弄巧成拙,不如不用。

1.1.4 以人物形象命名

用人物形象命名的也很多,如第九届中国盆景展银奖龙川盆景园的黄杨作品《巾帼丈夫》(见图 6-10),该盆黄杨是曲干式造型,自然大树式形状,宛如有大丈夫气概的佩戴头巾和发饰的妇女,所以说这一盆景的命名也恰到好处。

采用拟人化的方法来给盆景命名,有时能得到意想不到的效果。如给由高低两座山峰组成的山水盆景命名为《子母峰》(见图 6-11),会使人浮想联翩。如给一件双干式树木盆景命名为《手足情》或《兄弟本是一母生》,有的观赏者看到这件盆景和命名时,就会浮想联翩,回忆起一幕幕往事,特别是在人生道路上受过挫折的人们,更容易产生思想共鸣。有的人还可能想起在异地生活的亲人,盼望早日得以团聚。用拟人化的方法给盆景命名,人情味很浓,运用得当,常受到观赏者的青睐。

图 6-10 《巾帼丈夫》

图 6-11 《子母峰》

盆景《母爱》(见图 6-12),一根两枝,造型独特:主干上部弯曲,仿佛一只温柔的臂膀,枝叶葱茏,团团如盖,仿佛一把巨伞亭亭玉立,呵护着下方的次干;次干小且瘦,稍稍向主干倾斜,连同干上枝叶,作依附状,仿佛孩儿躲在了母亲的怀抱。该盆景用"母爱"命名,形象贴切,且有诗云:"母亲天然一把伞/呵护子女在其间/孝敬本是分内事/莫待迟迟留遗憾。"此盆景获 2019 北京世园会中国省(区、市)盆景室内展品竞赛金奖。

1.1.5 以自然景物、名胜古迹命名

盆景本来就是自然景观的缩影,以植物或者风景名胜题名即以景题名,故命名就必须根据景观之特点,冠以最能体现景观之神的名字。自然景观和植物相结合的形象,也是盆景命名的亮点,如《秦山迎客松》《嵩山古柏》《古庙唐槐》等,此种盆景题名,比较流行,在盆景园中数量极多,缺点是让人感觉不够新颖、别致。自然景观同动物相结合命名者也不少,如《竹林三熊》(熊猫)、《空山鸟鸣》、《金鱼戏龙泉》、《奇山飞狐》,等等。以自然景观命名的盆景,出现有创意的佳名,也不是多么容易,必须细心观赏、研究,诞生妙趣横生的灵感,才能获得艺术性强的盆景佳名。还有《妙峰钟

图 6-12 《母爱》

声》《黄山松韵》《九寨风光》《长城万里》等用名胜古迹给盆景命名的。比如《清漓图》(见图6-13),给山清水秀、峰美洞奇、扁舟悠悠、风光迷人的山水盆景命名为《清漓图》。人们观后,游览过漓江的人,就会忆起那美妙秀丽、独具特色的漓江风景;未到过漓江的人,也会想到"桂林山水甲天下,阳朔山水甲桂林"的美誉。

燕永生的黄杨盆景《闲云出岫》(图6-14),是传统的扬派盆景,虬曲龙盘,层层云片,一寸三弯,精工细扎,刚柔相济,一片片酷似云朵,所以命名为《闲云出岫》,寓意深远,耐人寻味。

图6-13 《清漓图》

图6-14 《闲云出岫》

何国军的榕树盆景《一览众山小》(见图6-15),立意高雅,树中树布局合理,树石奇峰突出,气势雄伟,形成一览众山小之势。

图6-15 《一览众山小》

1.1.6 以配件来命名

这种命名就是以盆景中的配件来命名。如在一长椭圆形盆钵中,有疏有密、有高有低地栽种数株竹子,在竹林中点缀几只可爱的熊猫釉陶配件,就将其命名为《竹林深处是我家》。如在一件偏重式山水盆景跨越两岸的大桥上,放置一个大步行走的人物配件,给该件盆景命名为《走遍千山》,来形容游览过许多名山大川和到过很多地方,见多识广。"成竹在胸",再创作起来那就得心应手。以配件命名的盆景最有名的要数江苏扬州的《八骏图》（见图6-16），它是用数株六月雪和不同姿态的八匹陶质马配件制成的水旱盆景，创作者给这件盆景命名为《八骏图》，作品1985年在全国盆景展评会一出现就受到广大观众和专家的一致好评，被评为一等奖，驰名中外。

图6-16 《八骏图》

《马放南山》（见图6-17）作品中，马、树和山是构图的三个要素，缺一不可。三者有机结合，山上有树，树木成林，林中有马，形成一片优美的自然风光。马是景中的主体，位置显耀，极具自然神态，以此作为和平年代的主要象征，以此配件进行命名，切合主题和意境。

以配件给盆景命名，也比较简单易学，只要运用得当，景名贴切，就能收到很好的效果。

1.1.7 以成语来命名

成语是人们经过千百年锤炼的习惯用语，是简洁精辟的定型词组或短句。用成语来给盆景命名，言简意赅，说起来顺口押韵，是人们喜闻乐见的用语，只要运用得当，命名能充分表达该件作品的主题思想，能得到观众好评。如在野外生长的老树，经长期风吹、日晒、雨淋、人工砍伐以及病虫害等因素的影响，树木主干木质部大部分腐烂剥落，呈中空状，但部分树皮仍然活着，在树干上部又长出青枝绿叶，生机欲尽而神不枯，给这样的树木盆景命名为《虚怀若谷》（见图6-18）或《枯木逢春》都可以。

图6-17 《马放南山》（图片来源：盆景世界）

真柏盆景《玉树临风》（见图6-19），干瘦枝疏而叶茂，造型简洁而生动，像玉树一样潇洒，与君子气度的外在洋溢和自信从容的内在流淌非常神似，言简意赅。

2. 盆景命名的要求

(1) 含蓄，忌直露。

给盆景命名要含蓄、贴切，举个例子，"银装"比"长城雪景"更为含蓄，回味性更强。"语直无味，意浅无趣"，命名含蓄才能给观赏者留有想象的余地。

图 6-18 《虚怀若谷》

图 6-19 《玉树临风》

(2)立意高远,忌粗俗。

给盆景命名要格调高雅,清新脱俗,切忌粗俗,更不能有封建迷信色彩。

(3)要切景,忌偏题。

盆景作品的空间展示极其有限,要在有限的空间里完全表达出作品的思想内容,这就要求作者用恰到好处的命名来加以补充,让读者了解一个完整的意境,最好与景致环环相扣。切忌出现貌合神离、形神不一的情况。

(4)要具象化,忌概念化。

举个例子,"清风如剑"比"青山高耸"更形象化、更生动。命名具象化之外还应该有一定的留白,未完待续的感觉让人浮想联翩,高潮迭起,无形间丰富了作品的内涵,增强了作品的艺术感染力。

(5)要精练,切忌烦琐。

给盆景命名字数都不宜多,在充分表达主题内涵的情况下,字数越少越好。字数较多要注意音韵,读起来抑扬顿挫,有节奏感,既顺口又好记。

(6)命名位置。

最常见的是把命名写在标牌上,置于盆景旁边。也有的把名称刻在盆钵上面(但要注意字的大小、形态和在盆面的位置),使盆景各部分形成一个有机的整体。挂壁式盆景可把名称写在盆钵上,也可写在作背衬的条幅上,如再写上制作年号并加盖名章,那就更像"立体的国画"了。

3. 盆景命名参考

现将一些盆景的命名以字数多少为序列在下面,供初学者参考。

1 个字命名:《根》《春》《秋》《冬》,等等。

2 个字命名:《嶙峋》《鹤舞》《扬帆》《叠翠》《远望》《听涛》《巧云》《迎宾》,等等。

3 个字命名:《竹石图》《渔家乐》《古域行》《寒江雪》《盼郎归》《蜀道难》《漓江行》《八骏图》《惊回首》《大漠行》,等等。

4 个字命名:《巍巍群峰》《妙峰金秋》《长城万里》《寿比南山》《巴蜀山庄》《巴山蜀水》《一

峰擎天》《刺破青天》《枯木逢春》《鬼斧神工》《秀岭轻舟》《燕山深处》《锦绣山河》《碧水青峰》《大江东去》《波光岛影》《江山多娇》《春江水暖》《乘风破浪》《水阁渔家》《沙漠驼铃》《沙漠绿洲》《寒江独钓》《群峰竞秀》《两岸猿声》《西风古道》《走遍千山》,等等。

5个字命名:《瑞雪兆丰年》《一览众山小》《蝉鸣林更幽》《江上石头城》,等等。

6个字命名:《有仙不在山高》《阅尽人间春色》,等等。

7个字命名:《流水不尽春又至》《无限风光在险峰》《黄河之水天上来》《飞流直下三千尺》《奇峰倒影绿波中》《山高松古两峥嵘》《万里江山聚盆中》《拔地指天称独秀》《万水千山总是情》《千里江陵一日还》《高山奇洞小舟行》《危崖古刹钟声远》,等等。

在盆景的命名中,1个字和7个字的少见,3个字、4个字的最为常见。

序号	实施内容
1	请找一些山水盆景的图片,并为其命名,阐述其意境。
2	根据盆景造型和意象为下面的盆景命名。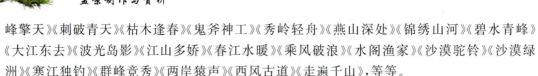

任 务 分 组			
班级		组号	
组长		学号	
组员	姓名	学号	任务分工

项目六　盆景的鉴赏

续表

评价环节		评价内容	评价方式	分值	得分
课前	课前学习	线上学习	教学平台(100%)	10	
	课前任务	实践学习	教师评价(100%)	5	
课中	课堂表现	课堂投入情况	教师评价(100%)	10	
	课堂任务	任务完成情况	教师评价(40%)	20	
			组间评价(40%)	20	
			组内互评(20%)	10	
	团队合作	配合度、凝聚力	自评(50%)	5	
			互评(50%)	5	
课后	项目实训	整体完成情况	教师评价(100%)	15	
合计				100	

任务二　盆景作品赏析

任 务 要 求	
任务内容	本任务主要介绍盆景作品欣赏遵循的审美原则。
知识目标	了解从哪几个方面进行盆景欣赏。
能力目标	具备一定的欣赏能力。
素质目标	培养文化自信,提高鉴赏能力。

盆景是自然美与艺术美的结合。盆景创作不仅需要一定的艺术修养,还要通过选材修剪、蟠扎和雕刻镂凿等艺术加工手段来造型,而且必须具备一定的科学基础知识和园艺技艺。所以,盆景又是艺术和技术的结晶。盆景作品赏析遵循以下审美原则。

1. 自然美

1.1 山水盆景的自然美

山水盆景和一般艺术品既有共同点,也有不同之处。其不同之处在于,它是以自然山石为主要原料,其中的草木、青苔又具有生命力。因此,自然美是盆景美的一个重要方面。优秀的山水盆景作品,必然是自然美的直接再现。峰峦的色泽、纹理、形态,美观而又协调,其中的花草树木、舟、亭、塔、寺,都使人感到真实而富有生机。因此,离开自然美,山水盆景艺术就不会产生和发展,更谈不到欣赏了。山水盆景的自然美,主要体现在制作材料的质地、形态、纹理、色泽和植物种植符合自然规律等方面。各种材料都有其不同的自然特性,不论是"因材立意"还是"因意选材",都是要利用原料的自然美而达到突出主题的目的。

如山水盆景《江山多娇》(见图6-20),雄奇壮伟的山岳,山峰矗立,千岩万壑,深涧曲折,山势奔腾不止,蔚为壮观。山岭峡谷间奇峰汇聚,突兀的石块,沉重峻峭,厚重而精致。山峰高耸如有白雪皑皑,深谷寒林间,或有古刹掩映,树木、亭台恰到好处,峰峦沟壑间已有万千气象。

图6-20 《江山多娇》

1.1.1 石料、石种的欣赏

山水盆景的制作,主要是根据石料原有的形态、质地、纹理、色彩等要素进行选材和立意造型,我们通常把石料质地分为软、硬两大类。软石料质地疏松,易于吸水、雕琢,也易滋生苔藓,有利于植物的种植。软石类可以经过构思立意,随心所欲地表现某种主题或某个特定的山水景观。硬质石料质地坚硬,不吸水或吸水甚少,较难在上面种植植物。近年来,山水盆景艺术发展较快,构思立意新颖,布局多样,着重把握石料的"姿、纹、色、质"。

1.1.2 石纹、皴法的欣赏

自然界的山石,外表总具有不同的纹理,石纹就是石料表面本身所具有的脉络纹理,如同衣物上的皱褶,皱而有序,紊而不乱。常见的山水盆景皴法有:①卷云皴,主要表现古老的山峦,别具一种苍莽遒劲的感觉;②荷叶皴,适宜于表现大山的脉络纹理;③斧劈皴,以面为主,最能体现山石的坚硬质感;④折带皴,适宜表现水成岩形成的山岳,特别是崩断的斜面。

1.1.3 山水盆景布局的欣赏

山石的布局是山水盆景制作的重要一环,犹如绘画的构图,布局得当,优美自然的山水气势就跃然出现。整个画面的布局,其外轮廓,均应包含在一个不等边的三角形之内,如图6-21所示的山水盆景。

1.1.4 山水盆景的植物欣赏

山水盆景中种植的植物一般选取矮小、枝短叶细的植物,如虎刺、六月雪、金钱松、五针松、罗汉松、真柏、细叶常春藤等植物,有些草本植物如香港半枝莲等也是小型及中、远景山水盆景上点缀的常用植物。山水盆景的植物种植要结合盆景主题,使景物饶有自然野趣。植物应该安排在适当的位置,才能引人入胜。同时植物的体势应与山石走向一致,起到推波助澜的功效。植物种植完后,应铺设一层青苔,以不露土为好。

1.1.5 山水盆景摆件的欣赏

摆件一般包括人物、鸟兽、亭台、房屋、小桥、小船等。在山水盆景中,摆件配置得体,更

项目六　盆景的鉴赏

图 6-21　山水盆景(三角形)

能突出山水盆景的主题,甚至有画龙点睛的作用。山水盆景中摆件必须充分注意摆件与山石的比例。

1.2　植物盆景的自然美

欣赏植物盆景的自然美与欣赏山水盆景的自然美有所不同。植物大都由根、干、枝、叶组成,有的还要开花结果。虽然一棵树木是一个统一的整体,但在欣赏时观赏者的注意力并不是平均分配到各个部位上去,而是每件植物盆景都有其欣赏的侧重点,所以植物盆景有观根、观干、观枝叶、观花、观果等不同的形式。

1.2.1　根的自然美

根是植物赖以生存的最重要的部位之一。一般植物的根虽然都扎入泥土之中,但全部扎入,看不到的却很少。盆景是高等艺术品,盆树不露根就降低了欣赏价值,故有"树根不露,如插木"之说。所以盆景爱好者在野外掘取树桩时,对露根的树桩格外喜爱。挖回来经过"养坯"、上盆等过程,把根提露于盆土上面,供人们观赏。根的自然美有两种:树根提出土面较高(见图 6-22)和树根提出土面不高(见图 6-23)。

图 6-22　树根提出土面较高

图 6-23　树根提出土面不高

· 197 ·

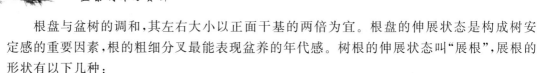

根盘与盆树的调和,其左右大小以正面干基的两倍为宜。根盘的伸展状态是构成树安定感的重要因素,根的粗细分叉最能表现盆养的年代感。树根的伸展状态叫"展根",展根的形状有以下几种:

八方展根:是盆栽中最理想的根的形态。根自干的周围平均无遗漏地向四面八方伸展,正面左右较长,前后较短,此系直干、曲干最佳根盘。

片面展根:主根单面或双面拖拉生长。适宜斜干、悬崖树型。

盘根:四方根盘和八方根盘发达后盘结在一起,形成岩状的根叫盘根。盘根具有重量感、年代感和野趣,是最能表现苍古感的巨木相,亦为榕树与唐枫常见的根盘。

露根:因沙土流失,使根露出地表面的状态。适合表现高山峻岭的倾斜面,以及海岸、河畔等恶劣环境生存下来的树姿。

幼龄树的根都埋在土中分生,年久受日光照射及雨水冲刷,老根渐渐露出地面,而呈荒古盘曲状,盘踞地面,成为树干的一部分,以平衡稳定全树。根据这种自然现象,于盆树改植时,使土面略高于盆面,可让根微微露出土面,将更能使根显现抓地的感觉而倍加美观。

如韩学年大师的作品《弄舞》(见图6-24),根部抓地牢实,妙曼多姿,有力度美,体现了根的自然美。

1.2.2 树干的自然美

在树木盆景的造型中,以树干变化最为丰富多彩,其中一部分是自然形成的,有的在一般人看来老木已经腐朽,当柴烧都不起火苗,简直就是一棵废树,但在盆景爱好者看来,它却是难得的珍品。树木的主干虽经过艺术加工,仍具有自然之态。直干刚劲挺拔,曲干苍古多姿,各具特色。树干的自然美是多种

小故事

多样的,最常见的是树干在自然条件下所形成的不规则"S"形弯曲,或者树干的一部分已经腐朽,而另一部分却生机盎然。干皮则有老有嫩,有粗糙、有光滑,如黑松的干皮布满鳞片,而竹类则光滑多节,各富情趣。树干的色彩也有多种:有黑色的,如金弹子;有灰褐色的,如松柏类的大多数树种;有褐色透绿的,如榔榆;有青绿色的,如竹类的大多数树种;有紫黑色的,如紫竹。此外,有些半枯朽的树干,与欣欣向荣的枝叶形成对比,能给人以"枯木逢春"之感。

1.2.3 枝叶的自然美

我们所说枝叶的自然美,更确切地说,应该是枝条和叶片组成的枝叶外形美。在平原沃土中生长的树木,难以符合盆景造型对枝叶形态的要求。只有在荒山瘠地、山道路旁、高山风口等处,由于樵夫砍伐、人畜踩踏、牲畜啃咬、风雨摧残等因素,才能使树木自然形成截干蓄枝、折枝去皮以及自然结顶等比较优美的形态。找到这种形态的树木,掘取回来培育成活之后,略经加工,即成盆景。叶形随着树种不同,有针状,如松类;有鳞状,如柏类;有卵状,如榔榆;有瓜子状,如瓜子黄杨;有掌状,如槭类(见图6-25);有扇状,如银杏;有箭状,如竹类;还有奇特形状的,如枸骨等。叶的质地有硬有软,有厚有薄;有革质的,也有纸质的。叶的色彩更是丰富多样:有深绿色的,如罗汉松;有浅绿色的,如朴树;有黄绿色的,如竹类;有红色的,如红枫;有镶边的,如金边六月雪;有花叶的,如常春藤。

图 6-24 《弄舞》

图 6-25 槭类掌状叶

1.2.4 花果的自然美

花的形态及色彩是最富于变化的。在盆景中常见的有：五彩缤纷的杜鹃（见图 6-26）、展翅欲飞的金雀、红艳似火的石榴、高洁素雅的梅花，等等，可谓千姿百态。果的形态也有所不同，如火棘为小球状（图 6-27），枸杞为玛瑙状，胡颓子为椭圆状，佛手为手指状，等等。果实的色彩有：金黄色的，如金橘；红色的，如南天竹；黄绿色的，如贴梗海棠。

图 6-26 杜鹃

图 6-27 火棘

2. 艺术美

2.1 山水盆景的艺术美

制作山水盆景的材料,虽然取材于自然山石及草木,但它并不是对自然界山石、草木的模仿和照搬。因为自然界的美多是分散的、不典型的,它不能满足人们欣赏的需要。人们在欣赏自然景色时,有时感到它缺了点什么,有时又感到它多了点什么。这一多一少就是自然形态的美中不足。在设计山水盆景时,就要运用缩地千里、缩龙成寸、繁中求简、有疏有密、对比烘托等艺术手法,将自然界中的山水树木造型高度地概括和升华,使之源于自然又高于自然。在制作时也是如此,即使选到一块自然形成较好的岩石,也不可能完全具备制作盆景所需要的形态、纹理和气质。所以盆景艺术家在创作过程中,既要充分显示岩石的自然美,又要依据立意对岩石进行加工,使其在不失自然美的前提下,创造出比自然美更集中、更典型、更具有普遍意义的美。这种美就是艺术美。如果说自然界的山水为第一现实景观,那么经过艺术加工,集自然美与艺术美于一体的山水盆景,就是第二现实景观。它比第一现实景观更理想、更完美,更富有生活情趣。如图6-28和图6-29所示是比较典型的山水盆景。

图 6-28 山水盆景的艺术美1

图 6-29 山水盆景的艺术美2

2.2 植物盆景的艺术美

同前述山水盆景艺术美的道理一样,植物盆景中的树木,虽取材于自然界,但也不是照搬自然界中各种树木的自然形态,而是经过概括、提炼和艺术加工,把若干树木之美艺术地集中于一棵树木身上,使这棵树木具有更普遍、更典型的美。就拿树根来说,许多盆景爱好者模仿自然界生长于悬崖峭壁之上的树木,经过加工造型,有的悬根露爪,有的抱石而生,有的呈三足鼎立之势,有的呈盘根错节之状,有的把根编织成一定的艺术形态,真是千姿百态,美不胜收。制作植物盆景的树木素材,有相当一部分是平淡无奇的或只具有一定的美,然而盆景艺术家根据树木特点,因材施艺,因势利导,经过巧妙加工,就能制作成具有观赏价值的作品。有的盆景艺术家,抓住树木在狂风中枝叶向背风面弯曲飘荡的姿态,加以概括、提炼,制作成风吹式树木盆景,观看这种树木盆景,会给人以身临其境和"无风胜有风""无声胜有声"的艺术感受。

3. 整体美

这里所讲盆景的整体美,是指一景、二盆、三架、四名,这四要素浑然一体的美。在四要素当中,以景物美为核心,但美的景致必须要有大小、款式、高低、深浅合适的盆钵与几架,以及高雅的命名，才能成为一件完整的艺术品。

　　景物。景物是指盆景中的山石或树木。景物美是整体美中最重要的部分。如山石、树木形态不美，观赏价值低或没有什么观赏价值，盆钵、几架、命名再好，也称不上是一件上乘佳品。关于景物的美，前面已经讲过，不再赘述。

　　盆钵。一件上乘景物，如果没有与之协调的盆钵相配，这件作品也是不够品位的。正如一个人，穿一身得体西服，但脚上穿了一双草鞋，这个人的形象便不言而喻了。景、盆匹配，其大小、款式、色泽是否协调是非常重要的。此外，还要注意盆的质地，上乘桩景常配以优质紫砂盆或古釉陶盆，这样的匹配才是恰当的。

　　几架。上乘几架本身就是具有观赏价值的艺术品，评价一件盆景的优劣，和几架的样式、高低、大小、工艺是否精致是分不开的。除几架本身的质量外，更重要的是与景物、盆钵是否协调，浑然形成一体。如悬崖式古柏盆景（见图 6-30），创作者用一个中等深度的圆形盆和高脚几架，更好地展示了下垂神枝风姿，整体来说，这件作品神形兼备，枯荣与共，神枝与舍利干一应俱全，是一件具有很高观赏价值的作品。

图 6-30　悬崖式古柏盆景

4. 意境美

4.1　山水盆景的意境美

　　意境是盆景艺术作品的情景交融，并与欣赏者的情感、知识相互沟通时所产生的一种艺术境界。欣赏优秀的山水盆景作品，使人有"一勺则江湖万里""一峰则太华千寻"之感，这种感触、联想与想象，就是意境。盆景的意境是内在的、含蓄的，只有具备一定欣赏能力的人才能体味到其中之美。同时人们对盆景的审美观也是随着时代的发展而不断变化的。盆景作为一种特殊的艺术品，不但要具有自然美和艺术美，更主要的是要表现出深邃的意境美，使景中有情，情中有景，情景交融，人以内心的艺术享受，达到景有尽而意无穷的境地。盆景作品追求的最高标准，只能是也必须是作品内在的意境美，在欣赏中最主要的也是欣赏盆景的意境美，意境的好坏是评价一件盆景作品优劣的主要标准。在山水盆景创作中，最难表现的是意境美。盆景的意境主要是通过造型来体现的。造型就是构图，比如安排峰峦的位置，通过小中见大、咫尺千里等艺术手法，来创造盆景的意境。意境的深浅并不取决于盆景的大小或峰峦的多少。有的山水盆景虽不大，峰峦不多，但意境很深。如有一件名为《铁岭渔歌》的盆景，盆长 29 厘米，主峰高仅 10 余厘米，由 3 组峰峦组成。主峰高耸入云，有壁立千仞之态、高拔五岳之势；次峰高低错落有致，山的坡脚伸向远方；远山又由高低大小不等的几块山石构成。这样的造型就能给人以"横看成岭侧成峰，远近高低各不同"之感。主峰山脚处点缀一悠闲自得的老翁在垂钓；盆景用的又是洁白如雪的汉白玉浅口盆，衬托出山水的秀丽。整个构图显得浓淡相宜，静动相衬，气韵浓郁，富有深邃的意境。

4.2 植物盆景的意境美

对树木盆景意境美的欣赏,是通过树木的外形来领会其蕴含的神韵,神韵即盆景的意境。如直干式树木盆景,主干直立而挺拔,树干虽不高,却有顶天立地之气势,以象征正人君子之风度。再如连根式树木盆景,猛一看好似株株树木生长在一盆之中,仔细再看,下部还有一条根把几棵树木连在一起。通过这一树木外观,可以启发观赏者的许多灵感。有的观赏者可能会想到兄弟本是一母所生,应相互团结和睦、情同手足;有的观赏者还可能联想到台湾同胞和在异国他乡的我国侨胞,都是炎黄子孙,中国的富强和国际地位的不断提高,使海内外赤子都感到光荣和骄傲。树木盆景不仅干和根要体现意境美,枝叶也要体现意境美。

任务实施

序号	实施内容
1	鉴赏以下山水盆景,并命名。 
2	鉴赏以下树木盆景,并命名。  

任 务 分 组		
班级		组号	
组长		学号	
组员	姓名	学号	任务分工

评价环节		评价内容	评价方式	分值	得分
课前	课前学习	线上学习	教学平台(100%)	10	
	课前任务	实践学习	教师评价(100%)	5	
课中	课堂表现	课堂投入情况	教师评价(100%)	10	
	课堂任务	任务完成情况	教师评价(40%)	20	
			组间评价(40%)	20	
			组内互评(20%)	10	
	团队合作	配合度、凝聚力	自评(50%)	5	
			互评(50%)	5	
课后	项目实训	整体完成情况	教师评价(100%)	15	
合计				100	

参 考 文 献

[1] 汪传龙.潘仲连盆景艺术[M].合肥:安徽科学技术出版社,2005.
[2] 郑永泰.欣园盆景[M].广州:岭南美术盆景出版社,2013.
[3] 张宪文.盆景人生[M].济南:济南出版社,2018.
[4] 刘传刚,冯连生,唐吉青,等.中国动势盆景[M].北京:人民美术出版社,2014.
[5] 俞慧珍.水旱盆景制作与养护[M].南京:江苏科学技术出版社,2003.
[6] 张志刚.中国树石盆景[M].北京:中国林业出版社,2016.
[7] 林鸿鑫,陈习之,林静.树石盆景制作与赏析[M].2版.上海:上海科学技术出版社,2014.
[8] 张辉明.附石盆景制作技法[M].合肥:安徽科学技术出版社,2020.
[9] 林鸿鑫,林峤,陈琴琴.中国树石盆景艺术[M].合肥:安徽科学技术出版社,2013.
[10] 兑宝峰.盆景制作与赏析——松柏·杂木篇[M].福州:福建科学技术出版社,2016.
[11] 老鸦柿庄园.第十届中国盆景"银奖"作品选[EB/OL].(2020-10-09). https://baijiahao.baidu.com/s?id=1679372919314223049&wfr=spider&for=pc.
[12] 韦金笙.中国盆景制作技术手册[M].2版.上海:上海科学技术出版社,2018.
[13] 郝平,高丹,张秀丽.盆景制作与欣赏[M].2版.北京:中国农业大学出版社,2018.
[14] 孙霞.盆景制作与欣赏[M].3版.上海:上海交通大学出版社,2011.
[15] 黄翔.图解树木盆景制作与养护(彩图版)[M].福州:福建科学技术出版社,2017.
[16] 马文其.盆景制作与养护(修订版)[M].北京:金盾出版社,2000.
[17] 黄映泉.中国树木盆景艺术[M].合肥:安徽科学技术出版社,2015.
[18] 胡乐国.名家教你做树木盆景[M].福州:福建科学技术出版社,2006.
[19] 朱骏.浅析山水盆景之美[J].中国园艺文摘,2014(03):125-127.
[20] 樊聪,陶俊.盆景艺术的命名方式和方法研究——以江都精品盆景为例[J].绿色科技,2017(21):32-34.
[21] 李新.略谈盆景鉴赏(上)[J].花木盆景(盆景赏石),2015(07):10-13.
[22] 游俊嵩.超凡脱俗占鳌头:榕树盆景《一览众山小》创作始末[J].中国花卉盆景,2009(07):56.
[23] 佚名.山水遇知音——赵德发、陈圣山水盆景欣赏[J].花木盆景(盆景赏石),2022(02):16-17.
[24] 盆景乐园论坛.http://www.penjingly.com/.
[25] 徐帮学.盆景制作[M].北京:化学工业出版社,2018.
[26] 汪彝鼎.图解山水盆景制作与养护(彩图版)[M].福州:福建科学技术出版社,2017.
[27] 仲济南.山水盆景制作技法[M].合肥:安徽科学技术出版社,2004.
[28] 中国盆景网,http://www.penjing.biz/.
[29] 个人图书馆,http://www.360doc.com.
[30] 盆景吧,https://www.penjing8.com/.
[31] 盆景艺术网,https://www.pjcn.org/.